普通高等教育"十三五"规划教材

Flash CC 二维动画制作技术

主　编　余德润

副主编　熊淑云　肖　玉　杨宇驰

　　　　余鑫海　鹿建国　王　波

参　编　曾　昊　蔡立娜　余新珍

　　　　黄首鹏　司方蕾　余　捷

U0282399

电子工业出版社

Publishing House of Electronics Industry

北京·BEIJING

内 容 简 介

本书分为三大模块，理论知识编写了 15 个任务，实践操作设计了 73 个案例，微课开发制作了 110 个视频。本书配有微课光盘，建设了 Web 版课程学习网站，制作了以二维码移动版学习课程为主要内容的活页式教材，教学资源丰富，教学理念先进。本书实现了移动学习，用手机扫一扫二维码，就能播放对应知识点或技能点的小微课视频，微课视频清晰，画面与声音同步，学生用手机随时随地扫描播放学习，实现学习的碎片化，方便学生学习。

本书不仅适合作为高等职业院校动画专业的教材，也可作为社会培训动画制作技术的培训教材，以及自学动画制作技术人员的教材使用。

图书在版编目（CIP）数据

Flash CC 二维动画制作技术 / 余德润主编. —北京：电子工业出版社，2020.6

ISBN 978-7-121-39137-8

Ⅰ. ①F… Ⅱ. ①余… Ⅲ. ①动画制作软件—高等学校—教材 Ⅳ. ①TP391.414

中国版本图书馆 CIP 数据核字（2020）第 103147 号

责任编辑：胡辛征

印　　刷：北京虎彩文化传播有限公司
装　　订：北京虎彩文化传播有限公司
出版发行：电子工业出版社
　　　　　北京市海淀区万寿路 173 信箱　邮编　100036
开　　本：787×1 092　1/16　印张：15　字数：384 千字　彩插：2
版　　次：2020 年 6 月第 1 版
印　　次：2024 年 9 月第 6 次印刷
定　　价：59.80 元（含光盘 1 张）

凡所购买电子工业出版社图书有缺损问题，请向购买书店调换。若书店售缺，请与本社发行部联系，联系及邮购电话：（010）88254888，88258888。

质量投诉请发邮件至 zlts@phei.com.cn，盗版侵权举报请发邮件至 dbqq@phei.com.cn。

本书咨询联系方式：peijie@phei.com.cn。

前　　言

本书根据高等职业教育的教学特点，从分析动漫设计师职业岗位能力要求入手，结合教学改革和应用实践编写而成，让学生在"学中做""做中学"，使学生能够真正掌握动画制作的方法和技能。本书编写的指导思想是：理论实践一体化；教学做评一体化；知识学习、技能训练、态度养成一体化；基本技能训练、单项技能训练、综合技能训练一体化；学生需求、课程设计、教学指导一体化；教学环节设计、教学资源开发、教学方法应用一体化。本书在内容编排、知识讲解和操作示范上具有以下特点。

1. 理论知识与操作技能相结合

本书理论知识有一个模块，操作技能有二个模块。教材采用模块编排，学习内容分为三大模块：Flash CC 动画知识篇、动画制作基础篇、动画制作提高篇，形成了模块、项目和任务三级嵌套结构。Flash CC 动画知识篇编写了 4 个项目 15 个任务，开发制作了 31 个微课；动画制作基础篇和动画制作提高篇编写了 9 个项目，设计了 73 个案例，开发制作了79 个微课；集 Flash 知识与应用技能于一体，既学知识，又练技能。本书精选了 Flash 经典的知识点，精心设计了典型案例，具有很强的实用性、操作性和针对性。本书体现了从理论到实践、从简单到复杂、从入门到精通的学习过程，突出知识在实际操作中的应用，注重学生操作应用能力的培养。

2. 实现了移动学习

我们对"Flash"课程内容进行分解梳理、教学设计，将"Flash"课程设计成 110 个微课，运用制作软件如 GoldWave、TechSmith Camtasia Studio 等开发了 110 个动画式微课；利用动画式微课生动形象地介绍了"Flash"课程内容，使抽象的概念变为直观、具体，特别是利用动画模拟形式说明了语言文字无法表达清晰的问题，使教学更加容易、生动、有趣。110 个动画式微课是流媒体格式文件，流媒体非常适合在网络上播放。

在移动学习理论的指导下，将开发出来的"Flash"移动学习资源在教学中的应用，学生用手机扫描一个二维码，就能随时随地播放、学习，实现学习的碎片化，方便学生学习。

3. 教学资源丰富，教学理念先进

本书配有微课光盘，建设了 Web 版课程学习网站，制作了以二维码移动版学习课程为主要内容的活页式教材，教学资源丰富。本书编写从分析动漫设计师职业岗位能力和要求入手，体现了教学内容与动漫设计师职业标准对接；本书建设了配套的 Web 版课程和二维码移动版学习课程，网站内容定期更新，学生毕业后还可继续在网上学习，体现了职业教育与终身学习对接。

纸质教材、微课光盘、Web 版课程学习网站和活页式教材等全部学习资源是 2017 年江西省高等学校教学改革研究课题立项重点课题"'Flash'移动学习资源的开发与应用"（课题立项编号：JXJG-17-62-1）的研究成果。

纸质教材、微课光盘、Web版课程学习网站和活页式教材等全部教学资源由江西生物科技职业学院主持开发建设。

本书由余德润担任主编，熊淑云、肖玉、杨宇驰、余鑫海、鹿建国、王波担任副主编，参加编写的人员还有曾昊、蔡立娜、余新珍、黄首鹏、司方蕾、余捷。具体编写分工如下：模块一由江西生物科技职业学院余德润、余捷、江西泰豪动漫职业学院黄首鹏和南昌县洪范学校余新珍编写；模块二的案例一～案例六、案例十二～案例十四、案例十六～案例十九、案例二十一、案例二十二、案例～案例二十八、案例三十，共20个案例由江西生物科技职业学院肖玉、余鑫海编写；模块二的案例三十二～案例三十五、案例三十七～案例四十一、案例四十五～案例六十一，共26个案例由江西生物科技职业学院杨宇驰、蔡立娜、曾昊编写；模块二的案例七～案例十一、案例十五、案例二十～案例二十四、案例二十九、案例三十一、案例三十六、案例四十二、案例四十三、案例四十四、案例六十二、案例六十三、案例六十四，共18个案例由江西生物科技职业学院余德润、余捷、江西泰豪动漫职业学院黄首鹏和南昌县洪范学校余新珍编写；模块三的案例六十五～案例七十三，共9个案例由江西生物科技职业学院熊淑云、司方蕾编写。全书由余德润负责统稿。

微课学习资源开发人员名单如下。

主编：余德润；脚本编写：熊淑云、肖玉、杨宇驰、余鑫海、曾昊、余新珍、司方蕾、蔡立娜、余捷、黄首鹏；视频制作：熊淑云、肖玉、杨宇驰、黄首鹏；平面艺术设计：肖玉、杨宇驰、曾昊、司方蕾、余捷、蔡立娜；后期合成：余鑫海、余新珍；程序设计：熊淑云、余新珍。

微课光盘包含110个微课视频和案例文件的源程序和素材文件，学生可运用光盘自主学习微课。

Web版课程学习网站入选北京超星公司网络教学平台，课程名称：二维动画制作技术，课程学习网站网址：http://mooc1.chaoxing.com/course/200654275.html。读者还可以登录华信教育资源网（www.hxedu.com.cn）进行免费注册，下载本书的案例素材文件，有问题时可在网站留言板留言或与电子工业出版社联系（E-mail:hxedu@phei.com.cn），读者还可以通过QQ：1319948667与编者联系。

活页式教材包含110个微课视频为主要内容的二维码移动版学习课程，读者用手机扫描一个二维码，学习一个小微课视频，实现移动学习。

由于编者水平有限，加之时间仓促，书中难免有疏漏和不妥之处，敬请各位读者和专家批评指正。E-mail：1319948667@QQ.com。

编　者

目 录

模块一 Flash CC 动画知识篇

模块二　动画制作基础篇

模块三　动画制作提高篇

模块一

Flash CC 动画知识篇

项目一

Flash 动画入门

任务一　Flash 动画简介

01. 任务一
Flash 动画简介

二维码微课：扫一扫，学一学。扫一扫二维码，观看本任务微课视频。

　　任务描述：本任务包括动画简介、Flash 简介、Flash 动画的特点、Flash 动画制作流程、Flash 动画的应用等内容。

1.1　动画简介

　　动画发源于 19 世纪上半叶的英国，兴盛于美国，中国动画起源于 20 世纪 20 年代。1892 年 10 月 28 日，埃米尔·雷诺（图 1-1-1）首次在巴黎著名的葛莱凡蜡像馆向观众放映光学影戏，标志着动画的正式诞生（图 1-1-2），同时埃米尔·雷诺也被誉为"动画之父"。

图 1-1-1　动画之父——埃米尔·雷诺

图 1-1-2　埃米尔·雷诺放映光学影戏

　　美国动画在世界动画史上占有重要的地位，引领世界动画片的潮流和发展方向，一向注重高科技的应用与高质量的追求。图 1-1-3 所示是美国米高梅电影公司的经典动画片《猫和老鼠》（Tom and Jerry）。

中国的动画始终致力于创作一条具有本国特色的道路，坚持民族绘画传统。具有代表性的中国动画就是水墨动画。图 1-1-4 所示是中国万籁鸣、唐澄联合执导的经典动画片《大闹天宫》（The Monkey King）。动画片中洋溢着活泼清新的气息，给人以美的启迪。

图 1-1-3　《猫和老鼠》（Tom and Jerry）　　图 1-1-4　《大闹天宫》（The Monkey King）

动画的原理是通过把人物的表情、动作、变化等分解后画成许多动作瞬间的画幅，再用摄影机连续拍摄成一系列画面，给视觉造成连续变化的图画。它的基本原理与电影、电视一样，都是"视觉暂留"原理。医学证明人类具有"视觉暂留"的特性，人的眼睛看到一幅画或一个物体后，在 0.34 秒内不会消失。利用这一原理，在一幅画还没有消失前播放下一幅画，就会给人造成一种流畅的视觉变化效果。

动画可定义为使用绘画的手法，创造生命运动的艺术。动画技术较规范的定义是采用逐帧拍摄（或制作）对象并连续播放而形成运动的影像技术。

1.2　Flash 简介

Adobe Flash Professional CC 中文版是美国 Adobe 公司所设计的一种专业的二维动画软件，该软件是二维动画制作设计领域的首选软件，一直受到世界各地动画设计人员的青睐。

Flash 的前身是 Future Wave 公司的 Future Splash，是世界上第一个商用的二维矢量动画软件，用于设计和编辑 Flash 文档。1996 年 11 月，美国 Macromedia 公司收购了 Future Wave，并将其改名为 Flash，后又于 2005 年 12 月 3 日被 Adobe 公司收购。Flash 有多个版本，见表 1-1-1。

表 1-1-1　Flash 的版本

版 本 名 称	更 新 时 间	版 本 名 称	更 新 时 间
Future Splash Animator	1995 年	Macromedia Flash 8 Pro	2005 年 9 月 13 日
Macromedia Flash 1	1996 年 11 月	Adobe Flash CS3 Professional	2007 年
Macromedia Flash 2	1997 年 6 月	Adobe Flash CS3	2007 年 12 月 14 日
Macromedia Flash 3	1998 年 5 月 31 日	Adobe Flash CS4	2008 年 9 月
Macromedia Flash 4	1999 年 6 月 15 日	Adobe Flash CS5	2010 年

续表

版 本 名 称	更 新 时 间	版 本 名 称	更 新 时 间
Macromedia Flash 5	2000 年 8 月 24 日	Adobe Flash CS5.5 Professional	2011 年
Macromedia Flash MX	2002 年 3 月 15 日	Adobe Flash CS6 Professional	2012 年 4 月 26 日
Macromedia Flash MX2004	2003 年 9 月 10 日	Flash Professional CC	2013 年 11 月
Macromedia Flash MX Pro	2003 年 9 月 10 日	Flash Professional CC 2014	2014 年
Macromedia Flash 8	2005 年 9 月 13 日	Flash Professional CC 2015	2015 年

Adobe Flash Professional CC 采用的是 64 位架构，因此只能安装在 64 位 Microsoft Windows 7 系统或更高版本的 64 位操作系统上，目前 Flash CC 的版本有 2013 版、2014 版和 2015 版。本书案例教学使用的是 Adobe Flash Professional CC 2015 版。

Adobe Flash Professional CC 为创建数字动画、交互式 Web 站点、桌面应用程序以及手机应用程序开发提供了功能全面的创作和编辑环境。Flash 广泛用于创建吸引人的应用程序，它们包含丰富的视频、声音、图形和动画，可以在 Flash 中创建原始内容或者从其他 Adobe 应用程序（如 Photoshop 或 Illustrator）导入它们，快速设计简单的动画，以及使用 Adobe ActionScript 3.0 开发高级的交互式项目，设计人员和开发人员可使用它来创建演示文稿、应用程序和其他允许用户交互的内容。

1.3 Flash 动画的特点

Flash 动画是目前最优秀的二维动画制作软件之一，它是矢量图编辑和动画创作的专业软件，能将文字、矢量图、位图、视频、音频、动画和深层的交互动作有机、灵活地结合在一起，创建美观、新奇、交互性强的动画。与其他动画制作软件制作的动画相比，Flash 动画的特点主要有以下几点：

（1）制作简单，制作成本低

Flash 界面友好，简单易操作，无论是初学者还是高手们，都可以利用 Flash 软件，发挥无限的想象力，制作精彩小巧的动画。Flash 动画制作并不需要大量硬件上的投资，仅仅一台个人电脑和几个相关的软件，这和传统动画中庞大复杂的专业设备相比制作成本低。

（2）文件容量小，便于网络传播

Flash 动画制作通过关键帧和组件技术的应用使所生成的动画文件非常小，但尽管文件小却不影响给观赏者带来许多令人心动的动画效果，而且动画可以在网页打开很短的时间内进行播放。

流式播放的技术可以在下载一部分动画时就能播放，即使后面的内容还没有下载完毕，也可以开始欣赏动画。Flash 文件体积小，播放时采用流式技术，便于网络传播。

（3）交互性强

Flash CC 有较强的 ActionScript 3.0 动态脚本编程语言，动画可以实现交互性，这一点是传统动画无法比拟的。观看者可以通过单击、选择等动作决定动画运行的过程和结果。Flash 动画交互性强。

（4）矢量图形，动画不失真

Flash 是矢量图形编辑软件。矢量图形有着与位图图形不同的特性，矢量图形无论放大或缩小尺寸都不会影响图形或画面的质量，Flash 动画不失真。

1.4　Flash 动画制作流程

每个人创作 Flash 动画的习惯不同，Flash 动画制作流程也会有所不同。这里对初学者介绍一个基本的动画制作流程。创建 Flash 动画的一般流程如下。

（1）前期策划：在着手制作动画前，应首先要确定剧情和角色，然后还要根据剧情确定动画风格，规划好动画要达到的目标。

（2）素材准备：声音、图形等动画素材既可以自己制作，也可以从网上下载，或购买相关的素材光盘。做好前期策划后，便可以开始根据策划的内容绘制角色造型、背景及要使用的道具等图形，并将这些绘制好的对象转换成元件以备使用。

（3）动画制作：一切准备妥当后就可以开始制作动画了，这主要包括为角色设计动作，角色与背景的合成，动画与声音的合成等。

（4）后期调试：后期调试包括调试动画和测试动画两方面。调试动画主要是针对动画片段的衔接、场景的切换、动画的细节、声音与动画的协调等进行调整，使整个动画显得更加流畅和有节奏感；测试动画是对动画在本地和网上的最终播放效果进行检测，以保证动画能完美地展现在观众面前。

（5）发布作品：动画制作完成并调试无误后，便可以将动画导出或发布为.swf 格式的影片文件，并上传到网络中供人们欣赏及下载。

1.5　Flash 动画的应用

Flash 是 Adobe 公司发布的集矢量绘图、动画设计与应用开发于一体的软件，并随着版本的不断升级，功能也在不断完善。Flash 广泛应用于动画片、网页、音乐电视（Music Television，MTV）、课件、游戏等的设计制作。Flash 动画的应用主要有以下几方面。

（1）制作动画短片。

制作动画短片是 Flash 最核心的应用之一，并诞生了很多有名的系列动画短片，如"流氓兔""火柴人""大话三国""乌龙院"等。此外，有很多公益宣传片等动画片也是由 Flash 设计制作的。

（2）制作音乐视频。

音乐视频（Music Video，MV）属于动画短片的一个分支，其特点是占用的空间小、制作的内容丰富，还可以添加很多夸张的动作和造型，深受观众欢迎。《东北人都是活雷锋》是雪村演唱的一首歌曲，这首歌的 MV 引发了网络上的 Flash 动画风潮，这股风潮迅速在全国范围内蔓延。

（3）制作 Flash 贺卡。

目前很多大型的网站中有专门的贺卡频道，网站有大量六一儿童节、情人节等各种贺卡。这些 Flash 贺卡的特点是同时具有动画、音乐、情节等元素。

（4）制作 Flash 游戏。

Flash 具备强大的编程功能，可以实现丰富的控制与判断功能。Flash 可开发制作游戏，Flash 游戏具有小巧、趣味的特性，因而受到很多游戏用户的青睐。

（5）网站设计。

网站设计是 Flash 最常见的应用之一，很多网站设计完全或大部分由 Flash 动画制作完成，Flash 动画制作的网页既有动感效果，又有良好的交互性。

（6）制作网络广告。

Flash 制作的网络广告在网络媒体上，广告也是无处不在的。Flash 制作的动态广告，可以更好地抓住读者的视线，从而获得更佳的宣传效果。

（7）课件设计。

课件制作是 Flash 最为重要的应用领域之一，由于使用 Flash 制作的课件，具有完成文件小交互性强、表现形式丰富、制作容易、维护及更新方便等多种特点，成为时下最流行的教育课件制作软件之一。

（8）片头动画设计。

片头原意是指电影、电视栏目或电视剧开头用于营造气氛、烘托气势，用于呈现作品名称、开发单位、作品信息的一段影音材料。

Flash 制作的片头广泛应用于电影、电视、网站、游戏、各类教学课件、数字视频（Digital Video，DV）资料等，Flash 片头展现了作品的风格和气势，展现了作品制作水平和质量，因此 Flash 片头对整个作品具有非常重要的影响。

（9）App 设计。

App（Application）是指针对智能移动设备而设计的第三方应用程序，就像个人电脑上安装的 Flash、Office 等第三方软件一样。Flash 依托于 ActionScript 语言，配合强大的动画与交互处理功能，从而提供了强大的 App 设计能力，这其中就包括前面讲解过的游戏设计，此外还包括各种工具、教学、展示等方面的程序设计。

任务二　认识 Flash 界面

二维码微课： 扫一扫，学一学。扫一扫二维码，观看本任务微课视频。

02. 任务二
认识 Flash 界面
（1）

03. 任务二
认识 Flash 界面
（2）

任务描述：本任务包括 Flash 欢迎屏幕、Flash CC 工作界面组成、标题栏、【工具】面板、【时间轴】面板、主要面板集、舞台和工作区、自定义工作环境等内容。

2.1　欢迎屏幕

当你的电脑正确安装 Flash CC 后，启动 Flash CC，会打开欢迎界面，如图 1-1-5 所示，通过它可以快速创建 Flash CC 文件和打开相关项目。

欢迎屏幕上有几个选项列表，作用分别如下：

（1）打开最近的项目：可以打开最近曾经打开过的文件。

（2）新建：可以创建包括 Flash 文件、ActionScript 文件等各种新文件。

（3）模板：可以使用 Flash 自带的模板方便地创建特定应用项目。

（4）简介和学习：通过该栏目项目列表可以打开对应的程序简介和学习页面。

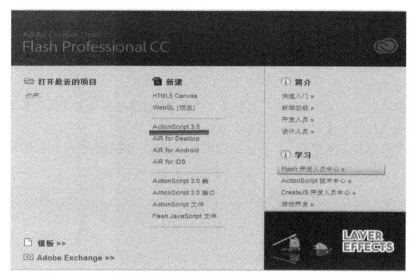

图 1-1-5　Flash CC 欢迎界面

2.2　工作界面组成

在欢迎屏幕"新建"选项列表中，单击"ActionScript 3.0"选项即可新建一个 Flash 文档，并进入 Flash CC 的工作界面，如图 1-1-6 所示。ActionScript 3.0 是 Flash CC 自带的编程语言，它后面的数字 3.0 是版本号。

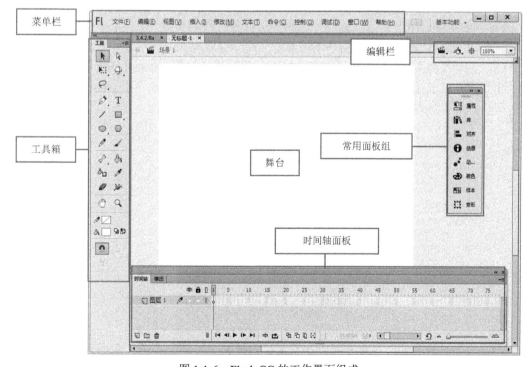

图 1-1-6　Flash CC 的工作界面组成

2.3 标题栏

Flash CC 的标题栏整合了菜单栏、工作区切换按钮和窗口管理按钮等界面元素，各个元素的作用分别如下：

（1）菜单栏：Flash CC 的菜单栏包括【文件】、【编辑】、【视图】、【插入】、【修改】、【文本】、【命令】、【控制】、【调试】、【窗口】、【帮助】。

标题栏中使用最多的就是菜单栏，如图 1-1-7 所示。菜单栏中各个主菜单的主要作用分别如下：

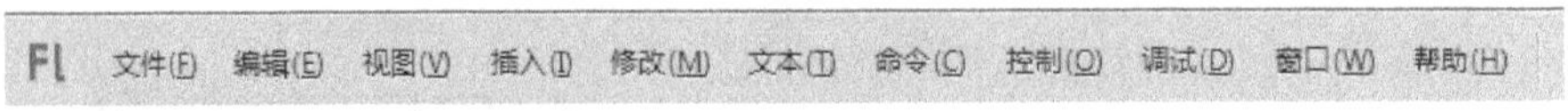

Fl
文件(F)
编辑(E)
视图(V)
插入(I)
修改(M)
文本(T)
命令(C)
控制(O)
调试(D)
窗口(W)
帮助(H)

图 1-1-7　Flash CC 的菜单栏

【文件】菜单：用于文件操作，如创建、打开和保存文件等。

【编辑】菜单：用于动画内容的编辑操作，如复制、粘贴等。

【视图】菜单：用于对开发环境进行外观和版式设置，如放大、缩小视图等。

【插入】菜单：用于插入性质的操作，如新建元件、插入场景等。

【修改】菜单：用于修改动画中的对象、场景等动画本身的特性，如修改属性。

【文本】菜单：用于对文本的属性和样式进行设置。

【命令】菜单：用于对命令进行管理。

【控制】菜单：用于对动画进行播放、控制和测试。

【调试】菜单：用于对动画进行调试操作。

【窗口】菜单：用于打开、关闭、组织和切换各种窗口面板。

【帮助】菜单：用于快速获取帮助信息。

（2）工作区切换按钮：该按钮提供了多种工作区模式选择，包括【动画】、【传统】、【调试】、【设计人员】、【开发人员】、【基本功能】、【小屏幕】等选项，用户单击该按钮，在弹出的下拉菜单中选择相应的选项即可切换工作区模式，如图 1-1-8 所示。

动画
传统
调试
设计人员
开发人员
基本功能
小屏幕
新建工作区
删除工作区
重置"基本功能"(R)...

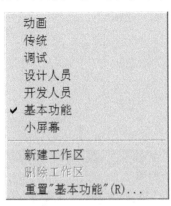

图 1-1-8　切换工作区

（3）窗口管理按钮：包括【最大化】、【最小化】、【关闭】按钮，和普通窗口的管理按钮一样。

2.4　【工具】面板

Flash CC 的【工具】面板包含了用于创建和编辑图像、图稿、页面元素的所有工具。使用这些工具可以进行绘图、选取对象、喷涂、修改及编排文字等操作。其中一部分工具按钮的右下角有三角图标，表示该工具里包含一组该类型的工具。

【工具】面板可调整宽度，可以拖动【工具】面板边框来调整【工具】面板的宽度，如图 1-1-9 所示是调整为不同宽度的【工具】面板。

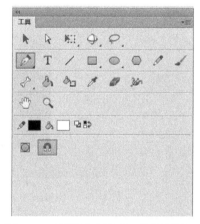

图 1-1-9　不同宽度的【工具】面板

单击"折叠为按钮"，【工具】面板可收缩，单击"展开面板"，收缩的【工具】面板可展开。

2.5　【时间轴】面板

时间轴用于组织和控制影片内容在一定时间内播放的层数和帧数，Flash 影片将时间长度划分为帧。图层相当于层叠的幻灯片，每个图层都包含一个显示在舞台中的不同图像。时间轴的主要组件是图层、帧和播放头，如图 1-1-10 所示。

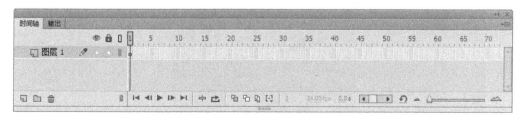

图 1-1-10　【时间轴】面板

在【时间轴】面板中，左边的上方和下方的几个按钮用于调整图层的状态和创建图层。在帧区域中，顶部的标题是帧的编号，播放头指示了舞台中当前显示的帧。在该面板底部显示的按钮用于改变帧的显示状态，指示当前帧的编号、帧频和到当前帧为止动画的播放时间等。

2.6　主要面板集

面板集用于管理 Flash CC 面板，它将所有面板都嵌入同一个面板中。通过面板集，用户可以对工作界面的面板布局进行重新组合，以适应不同的工作需求。

Flash CC 里比较常用的面板有【颜色】、【库】、【属性】、【变形】、【对齐】、【动作】面

【颜色】面板：选择"窗口"→"颜色"命令，可以打开【颜色】面板，该面板用于给对象设置边框颜色和填充颜色，如图 1-1-11 所示。

【库】面板：选择"窗口"→"库"命令，或按【Ctrl+L】组合键，可以打开【库】面板。该面板用于存储用户所创建的组件，在导入外部素材时也可以导入【库】面板中，如图 1-1-12 所示。

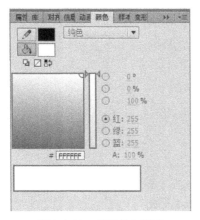

图 1-1-11　【颜色】面板

图 1-1-12　【库】面板

【属性】面板：选择"窗口"→"属性"命令，或按【Ctrl+F3】组合键，可以打开【属性】面板。根据用户选择对象的不同，【属性】面板中会显示出不同的信息，如图 1-1-13 所示。

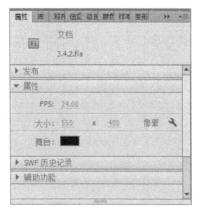

图 1-1-13　【属性】面板

【变形】面板：选择"窗口"→"变形"命令，或按【Ctrl+T】组合健，可以打开【变形】面板。在该面板中，用户可以对所选对象进行放大与缩小、设置对象的旋转角度和倾斜角度以及设置 3D 旋转度数和中心点位置等操作，如图 1-1-14 所示。

图 1-1-14　【变形】面板

【对齐】面板：选择"窗口"→"对齐"命令，或按【Ctrl+K】组合键，打开【对齐】面板。在该面板中，可以对所选对象进行对齐和分布等操作，如图 1-1-15 所示。

【动作】面板：选择"窗口"→"动作"命令，或按【F9】键，可以打开【动作】面板。在该面板中，左侧是路径目录形式，右侧是参数设置区域和脚本编写区域。用户在编写脚本时，可以直接在右侧编写区域中直接编写，如图 1-1-16 所示。

图 1-1-15　【对齐】面板

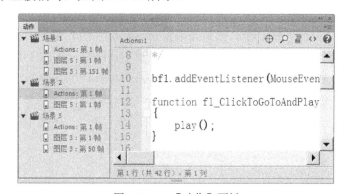

图 1-1-16　【动作】面板

将需要的面板全部打开，会占用大量的屏幕空间，此时可以双击面板顶端的标签处将其最小化。再次双击面板顶端的标签处，可将面板恢复原状。

当面板处于面板集时，单击面板集顶端的"折叠为图标"按钮，可以将整个面板集中的面板以图标方式显示，再次单击该按钮"展开面板"则恢复面板的显示。

2.7　舞台和工作区

舞台是用户进行动画创作的可编辑区域，可以在其中直接绘制插图，也可以在舞台中导入需要的插图、媒体文件等，其默认状态是一副白色的画布状态。工作区是标题栏下的全部操作区域，包含了各个面板和舞台以及窗口背景区等元素。

舞台最上端为编辑栏，包含了正在编辑的对象名称、编辑场景按钮、编辑元件按钮、舞台居中按钮和缩放数字框等元素，在编辑栏的上边是标签栏，上面标示着文档的名字，如图 1-1-17 所示。

要修改舞台的属性，选择"修改"→"文档"命令，打开"文档设置"对话框。根据需要修改舞台的尺寸大小、颜色、帧频等信息后，单击【确定】按钮即可，如图 1-1-18 所示。

图 1-1-17　编辑栏　　　　　　　　　　图 1-1-18　"文档设置"对话框

舞台中还包含辅助工具，用来在舞台上精确地绘制和安排对象，主要有标尺、辅助线、网格等几种。

（1）标尺：标尺显示在设计区内文档的上方和左侧，用于显示尺寸的工具。用户选择"视图"→"标尺"命令，可以显示或隐藏标尺。如图 1-1-19 所示，围绕在舞台周围即是标尺工具。

（2）辅助线：辅助线用于对齐文档中的各种元素。用户只需将光标置于标尺栏上方，然后向下拖动到执行区内，即可添加辅助线，如图 1-1-20 所示。

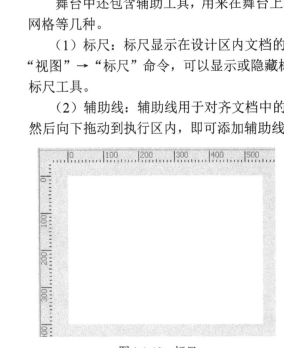

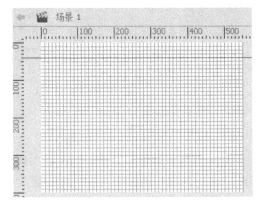

图 1-1-19　标尺　　　　　　　　　　　图 1-1-20　辅助线和网格

选择"视图"→"辅助线"→"编辑辅助线"命令，可以打开"辅助线"对话框，设置辅助线的基本属性，包括颜色、贴紧方式和贴紧精确度等。

（3）网格：网格是用来对齐图像的网状辅助线工具。选择"视图"→"网格"→"显示网格"命令，即可在文档中显示或隐藏网格线，如图 1-1-20 所示。

选择"视图"→"网格"→"编辑网格"命令，则可以打开"网格"对话框设置网格的各种属性等。

2.8 自定义工作环境

为了提高工作效率，使软件最大限度地符合个人操作习惯，用户可以在动画制作之前先对 Flash CC 的首选参数、快捷键和【工具】面板进行相应设置。下面介绍设置首选参数和快捷键。

（1）设置首选参数

用户可以在"首选参数"对话框中对 Flash CC 中的常规应用程序操作、编辑操作和剪贴板操作等参数选项进行设置。选择"编辑"→"首选参数"命令，打开"首选参数"对话框，如图 1-1-21 所示，可以在不同的选项卡设置不同的参数选项。

在"首选参数"对话框的"类别"列表框中包含"常规"、"同步设置"等选项卡。这些选项卡中基本包括了 Flash CC 中所有工作环境参数的设置，根据每个选项旁的说明文字进行修改即可。

（2）自定义快捷键

使用快捷键可以使制作 Flash 动画的过程更加流畅，提高工作效率。在默认情况下 Flash CC 使用的是 Flash 应用程序专用的内置快捷键方案，用户也可以根据自己的需要和习惯自定义快捷键方案。

选择"编辑"→"快捷键"命令，打开"键盘快捷键"对话框，可以在"命令"选项区域中设置具体操作对应的快捷键，如图 1-1-22 所示。

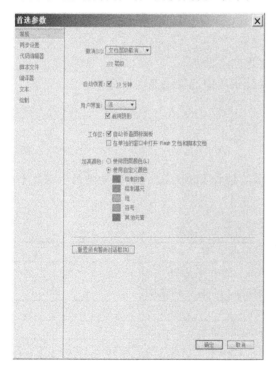

图 1-1-21 "首选参数"对话框

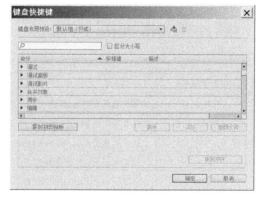

图 1-1-22 "键盘快捷键"对话框

04. 任务三
Flash 文档
基础操作

任务三 Flash 文档基础操作

二维码微课: 扫一扫,学一学。扫一扫二维码,观看本任务微课视频。

任务描述:本任务包括启动和退出 Flash CC、Flash 文档格式、新建 Flash 文档、保存 Flash 文档、Flash 动画的测试和导出、关闭和打开 Flash 文档等内容。

3.1 启动和退出 Flash CC

使用 Flash CC 可以创建新文档进行全新的动画制作,也可以打开以前保存的文档进行再次编辑。制作 Flash 动画之前,首先要学会启动和退出 Flash CC 程序,其步骤非常简单,下面将介绍启动和退出 Flash CC 的相关操作。

(1)启动 Flash CC

启动 Flash CC,可以执行以下操作步骤之一。

① 选择"开始"→"所有程序"→"Adobe Flash Professional CC"命令。

② 在桌面上双击 Adobe Flash Professional CC 程序的快捷方式图标。

③ 双击已经建立好的 Flash CC 文档。

(2)退出 Flash CC

如果要退出 Flash CC,可以执行以下步骤之一。

① 在打开的软件界面中选择"文件"→"退出"命令。

② 右击软件界面左上角图标,在弹出的快捷菜单中选择"关闭"命令。

③ 单击软件界面右上角的【关闭】按钮。

3.2 Flash 文档格式

Flash CC 支持多种文件格式,良好的格式兼容性让 Flash CC 设计的动画可以满足不同软硬件的环境要求,如表 1-1-2 所示。

表 1-1-2 Flash CC 支持的文件格式

文件扩展名	作　用
FLA	该扩展名是 Flash 的源文件,可以在 Flash CC 中打开和编辑
SWF	该扩展名是 FLA 文件发布后的格式,可以直接用 Flash 播放器播放
AS	该扩展名是 Flash 的 ActionScript 脚本文件
FLV	该扩展名是流媒体视频格式,可以用 Flash 播放器播放
ASC	该扩展名是 Flash CC 的外部 ActionScript 通信文件,该文件用于客户端服务器应用程序
XFL	该扩展名是 Flash CC 新增的开放式项目文件,包括 XML 元数据信息为一体的压缩包
FLP	该扩展名是 Flash CC 的项目文件

3.3　新建 Flash 文档

使用 Flash CC 可以创建新的文档或打开以前保存的文档，也可以在工作时打开新的窗口并且设置新建文档或现有文档的属性。

创建一个 Flash 动画文档有新建空白文档和新建模板文档两种方式。

（1）新建空白文档

① 启动 Flash CC 程序，选择"文件"→"新建"命令，打开"新建文档"对话框，在"常规"选项卡里的"类型"列表框中可以选择需要新建的文档类型，这里选择 ActionScript 3.0 文档类型，如图 1-1-23 所示。

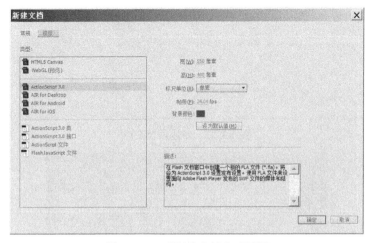

图 1-1-23　"新建文档"对话框

② 单击右侧的"背景颜色"色块。弹出调色面板，选取红色，自动返回至"新建文档"对话框，如图 1-1-24 所示，单击【确定】按钮。

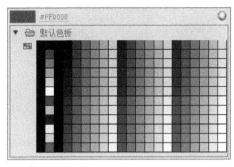

图 1-1-24　选取红色

③ 此时即可创建一个名为"无标题-1"的空白文档，背景颜色为红色。默认第一次创建的文档名称为"无标题-1"，最后的数字符号是文档的序号，它是根据创建的顺序依次命名的。例如，再次创建文档时，默认的文档名称为"无标题-2""无标题-3"，以此类推。

（2）新建模板文档

除了创建空白的新文档，还可以利用 Flash CC 内置的多种类型模板，快速创建具有特定应用的 Flash 文档。

如果用户需要从模板新建文档，可以选择"文件"→"新建"命令，打开"新建文档"对话框后，单击"模板"选项卡，在"类别"列表框中选择创建的模板文档类别，在"模板"列表框中选择种模板样式，然后单击【确定】按钮，即可新建一个模板文档，如图 1-1-25 所示为选择"雪景脚本"模板后创建的一个新文档，如图 1-1-26 所示。

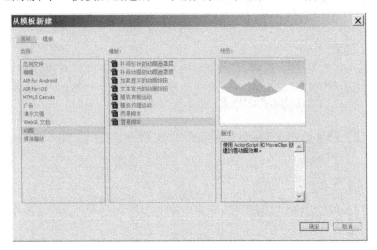

图 1-1-25　新建模板文档

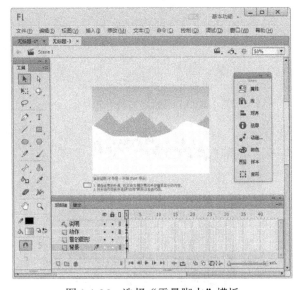

图 1-1-26　选择"雪景脚本"模板

3.4　保存 Flash 文档

在完成对 Flash 文档的编辑和修改后，需要对其进行保存操作。选择"文件"→"另存为"命令，打开"另存为"对话框。在该对话框中设置文件的保存路径、文件名和文件类型后，单击【保存】按钮即可，如图 1-1-27 所示。

用户还可以将文档保存为模板进行使用，选择"文件"→"另存为模板"命令，打开"另存为模板"对话框。在"名称"文本框中输入模板的名称，在"类别"下拉列表框中选择类别或新建类别名称，在"描述"文本框中输入模板的说明，然后单击【保存】按钮，即以模板模式保存文档，如图 1-1-28 所示。

图 1-1-27　"另存为"对话框　　　　　图 1-1-28　"另存为模板"对话框

3.5　Flash 动画的测试和导出

在制作完成 Flash 文档后，可以对 Flash 动画进行测试和导出。选择"控制"→"测试影片"→"在 Flash Professional 中"命令，即可对影片测试预览；也可执行"文件"→"导出"→"导出影片"命令，Flash 将自动生成同名的*. SWF 文件在 Flash 播放器中播放。

3.6　关闭和打开 Flash 文档

如果同时打开了多个文档，单击文档标签，即可在多个文档之间切换，如图 1-1-29 所示。

图 1-1-29　单击文档标签

如果要关闭单个文档，只需要单击标签栏上的【关闭】按钮即可将该 Flash 文档关闭。如果要关闭整个 Flash 软件，只需单击界面上标题栏的【关闭】按钮即可，如图 1-1-30 所示。

图 1-1-30　关闭文档标签

选择"文件"→"打开"命令，打开"打开"对话框，选择要打开的文件，然后单击【打开】按钮，即可打开选中的 Flash 文档。也可用其他方法打开 Flash 文档。

项目二

图层、时间轴和帧

任务一　图层

05. 任务一
图层

二维码微课：扫一扫，学一学。扫一扫二维码，观看本任务微课视频。

任务描述：本任务包括认识图层、图层的操作等内容。

1.1　认识图层

在 Flash CC 中，图层是创建各种特殊效果最基本也是最重要的概念之一，使用图层可以将动画中的不同对象与动作区分开。我们可以绘制、编辑、粘贴和重新定位一个图层上的元素而不会影响到其他图层。

（1）图层的类型

图层类似透明的薄片，层层叠加，如果一个图层上有一部分没有内容，那么就可以透过这部分看到下面图层的内容。通过图层可以方便地组织文档中的内容。当在某一图层上绘制和编辑对象时，其他图层上的对象不会受到影响。

图层位于【时间轴】面板上的左侧，在 Flash CC 中，图层一般分为 5 种类型，即一般图层、遮罩层、被遮罩层、引导层、被引导层，如图 1-2-1 所示。

这 5 种图层类型详细说明如下。

① 一般图层：指普通状态下的图层，这种类型图层名称的前面将显示普通图层图标。

② 遮罩层：指放置遮罩物的图层，当设置某个图层为遮罩层时，该图层的下一图层便被默认为被遮罩层。这种类型图层名称的前面有一个遮罩层图标。

③ 被遮罩层：被遮罩层是与遮罩层对应的、用来放置被遮罩物的图层。这种类型的图层名称的前面有一个被遮罩层的图标。

④ 引导层：在引导层中可以设置运动路径，用来引导被引导层中的对象依照运动路径进行移动。当图层被设置成引导层时，在图层名称的前面会出现一个运动引导层图标，该图层的下方图层会默认为是被引导层；如果引导图层下没有任何图层作为被引导层，那么

在该引导图层名称的前面就出现一个引导层图标。

⑤ 被引导层：被引导层与其上面的引导层相辅相成，当上一个图层被设定为引导层时，这个图层会自动转变成被引导层，并且图层名称会自动进行缩排，被引导层的图标和一般图层一样。

（2）图层的模式

Flash CC 中的图层有多种图层模式，以适应不同的设计需要，这些图层模式的具体作用如下：

① 当前层模式：在任何时候只有一个图层处于该模式，该层即为当前操作的层，所有新对象或导入的场景都将放在这一层上。当前层的名称栏上将显示一个铅笔图标作为标识，如图 1-2-2 所示。

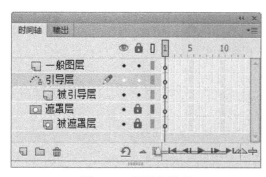

图 1-2-1　图层的类型

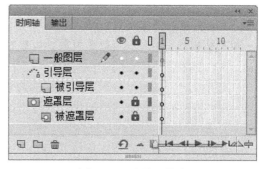

图 1-2-2　当前层模式

② 隐藏模式：要集中处理舞台中的某一部分时，可以将其他的图层隐藏起来。隐藏图层的名称栏上有叉号作为标识，表示当前图层为隐藏图层，如图 1-2-3 所示。

③ 锁定模式：要集中处理舞台中的某一部分时，可以将需要显示但不希望被修改的图层锁定起来。被锁定的图层的名称栏上有一个锁形图标作为标识，如图 1-2-4 所示。

图 1-2-3　隐藏模式

图 1-2-4　锁定模式

④ 轮廓模式：如果某图层处于轮廓模式，则该图层名称栏上会以空心的彩色方框作为标识，此时舞台中将以彩色方框中的颜色显示该图层中内容的轮廓。如图 1-2-5 所示的"一般图层"里，原本填充颜色为浅蓝色的方形，单击按钮，使其成为轮廓模式，此时方形显示为无填充色的蓝色轮廓。

图 1-2-5　轮廓模式

1.2　图层的操作

图层的基本操作主要包括创建各种类型的图层和图层文件夹，还有"选择、删除、重命名"图层等。此外，设置图层属性可以在"图层属性"对话框中进行。

（1）创建图层和图层文件夹

使用图层可以通过分层，将不同的内容或效果添加到不同图层上，从而组合成复杂而生动的作品。使用图层前需要先创建图层或图层文件夹。

① 创建图层

当创建了一个新的 Flash 文档后，它只包含一个图层。用户可以创建更多的图层来满足动画制作的需要。

要创建图层，可以通过以下方法实现：

- 单击【时间轴】面板中的【新建图层】按钮，即可在选中图层的上方插入一个图层。
- 选择"插入"→"时间轴"→"图层"命令，即可在选中的图层上方插入一个图层。
- 右击图层，在弹出的快捷菜单中选择"插入图层"命令，即可在该图层的上方插入一个图层。

② 创建图层文件夹

图层文件夹可以用来摆放和管理图层，当创建的图层数量过多时，可以将这些图层根据实际类型归纳到同个图层文件夹中，以方便管理。

创建图层文件夹，可以通过以下方法实现：

- 选中【时间轴】面板中顶部的图层，然后单击【新建文件夹】按钮，即可插入一个图层文件夹，如图 1-2-6 所示。

图 1-2-6　创建图层文件夹

- 在【时间轴】面板中选择一个图层或图层文件夹，然后选择"插入"|"时间轴"|"图层文件夹"命令即可。
- 右击【时间轴】面板中的图层，在弹出的快捷菜单中选择"插入文件夹"命令，即可插入一个图层文件夹。

（2）选择图层

创建图层后，要修改和编辑图层，首先要选择图层。

当用户选择图层时，选中的图层名称栏上会显示一个铅笔图标。表示该图层是当前层模式并处于可编辑状态。在 Flash CC 中，一次可以选择多个图层，但一次只能有一个图层处于可编辑状态。

要选择图层，可以通过以下方式实现：

① 单击【时间轴】面板的图层名称即可选中图层。

② 单击【时间轴】面板图层上的某个帧，即可选中该图层。

③ 单击舞台中某图层上的任意对象，即可选中该图层。

④ 按住【Shift】键，单击【时间轴】面板中的起始和结束位置的图层名称，可以选中连续的图层，如图 1-2-7 所示。

⑤ 按住【Ctrl】键，单击【时间轴】面板中的图层名称，可以选中不连续的图层，如图 1-2-8 所示。

图 1-2-7　选中连续的图层

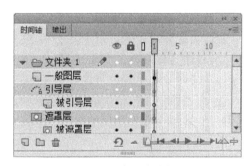

图 1-2-8　选中不连续的图层

（3）删除图层

在选中图层后，可以进行删除图层操作，具体操作方法如下：

① 选中图层，单击【时间轴】面板的【删除】按钮，即可删除该图层。

② 拖动【时间轴】面板中所需删除的图层到【删除】按钮上即可删除图层。

③ 右击所需删除的图层，在弹出的快捷菜单中选择"删除图层"命令即可删除图层。

（4）复制和拷贝图层

在制作动画的过程中，有时可能需要重复使用两个图层中的对象，可以通过复制或拷贝图层的方式来实现，从而减少重复操作。

① 复制图层

在 Flash CC 中，右击当前选择的图层，从弹出的快捷菜单中选择"复制图层"命令，或者选择"编辑"|"时间轴"|"复制图层"命令，可以在选择的图层上方创建一个含有"复制"后缀字样的同名图层，如图 1-2-9 所示。

② 拷贝图层

如果要把一个文档内的某个图层复制到另一个文档内，可以右击该图层，在弹出的快捷菜单中选择"拷贝图层"命令，然后右击任意图层（可以是本文档内，也可以是另一文档），在弹出的快捷菜单中选择"粘贴图层"命令，即可在图层上方创建一个与复制图层相同的图层，如图 1-2-10 所示。

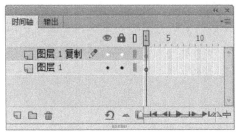

图 1-2-9 复制图层

图 1-2-10 拷贝图层

（5）重命名图层

默认情况下，创建的图层会以"图层+编号"的样式为该图层命名，但这种编号性质的名称在图层较多时使用会很不方便。

用户可以对每个图层进行重命名，使每个图层的名称都具有特定的含义，以方便对图层或图层中的对象进行操作。

重命名图层可以通过以下方法实现：

① 双击【时间轴】面板的图层，出现文本框后输入新的图层名称即可，如图 1-2-11 所示。

② 右击图层，在弹出的快捷菜单中选择"属性"命令，打开"图层属性"对话框。在"名称"文本框中输入图层的名称，单击【确定】按钮即可，如图 1-2-12 所示。

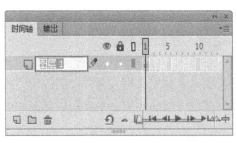

图 1-2-11 重命名图层

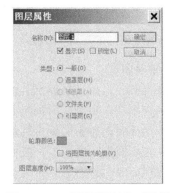

图 1-2-12 "图层属性"对话框

③ 在【时间轴】面板中选择图层，选择"修改"|"时间轴"|"图层属性"命令，打开"图层属性"对话框，在"名称"文本框中输入图层的新名称。

（6）调整图层顺序

调整图层之间的相对位置，可以得到不同的动画效果和显示效果，要更改图层的顺序，直接拖动所需改变顺序的图层到适当的位置，然后释放鼠标即可。在拖动过程中会出现一条带圆圈的黑色实线，表示图层当前已被拖动的位置，如图 1-2-13 所示。

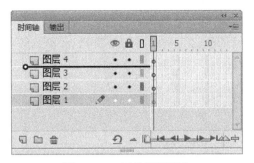

图 1-2-13　调整图层顺序

（7）设置图层属性

要设置某个图层的详细属性，如轮廓颜色、图层类型等，可以在"图层属性"对话框中实现。

选择要设置属性的图层，选择"修改"|"时间轴"|"图层属性"命令，打开"图层属性"对话框。

该对话框中主要参数的作用如下：

① 名称：可以在文本框中输入或修改图层的名称。

② 显示：选中该复选框，可以显示或隐藏图层。

③ 锁定：选中该复选框，可以锁定或解锁图层。

④ 类型：可以在该选项区城中更改图层的类型。

⑤ 轮廓颜色：选中该复选框，在打开的颜色调色板中选择一种颜色，以修改当前图层以轮廓线方式显示时的轮廓颜色。

⑥ 将图层视为轮廓：选中该复选框， 可以切换图层中的对象是否以轮廓线方式显示。

⑦ 图层高度：在该下拉列表框中，可以设置图层的高度比例。

任务二　时间轴和帧

二维码微课：扫一扫，学一学。扫一扫二维码，观看本任务微课视频。

06. 任务二 时间轴和帧— 时间轴和帧的 概念

07. 任务二 时间轴和帧— 帧的操作

任务描述：本任务包括时间轴和帧、帧的操作等内容。

2.1　时间轴和帧

帧是 Flash 动画的最基本组成部分，Flash 动画是由不同的帧组合而成的。时间轴是摆放和控制帧的地方，帧在时间轴上的排列顺序将决定动画的播放顺序。

（1）时间轴和帧的概念

帧是用来控制 Flash 动画内容的，而时间轴则是起着控制帧的顺序和时间的作用。

① 时间轴

时间轴主要由图层、帧和播放头组成，在播放 Flash 动画时，播放头沿时间轴向后滑动，而图层和帧中的内容则随着时间的变化而变化，如图 1-2-14 所示。

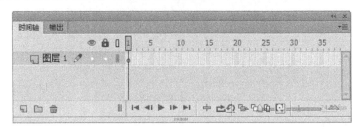

图 1-2-14　时间轴面板

Flash CC 中时间轴默认显示在工作界面的下部，位于舞台的下方，用户也可以根据个人习惯，将时间轴放置在主窗口的下部或两边，或者将其作为一个单独的窗口显示甚至隐藏起来。

② 帧

帧是 Flash 动画的基本组成部分，帧在时间轴上的排列顺序将决定动画的播放顺序，至于每一帧中的具体内容，则需要在相应的帧的工作区域内进行制作。例如，在第一帧绘制了一幅图，那么这幅图只能作为第一帧的内容，第二帧还是空的，如图 1-2-15 所示。

（2）帧的类型

在 Flash CC 中用来控制动画播放的帧具有不同的类型，选择"插入"|"时间轴"命令，在弹出的子菜单中显示了帧、关键帧和空白关键帧 3 种类型帧。

不同类型的帧在动画中发挥的作用也不同，这 3 种类型帧的具体作用如下：

① 帧（普通帧）：普通帧是关键帧的延续。连续的普通帧在时间轴上用灰色显示，并且在连续普通帧的最后一帧中有一个空心矩形块，如图 1-2-16 所示。连续普通帧的内容都相同，在修改其中的某一帧时其他帧的内容也同时被更新。由于普通帧的这个特性，通常用它来放置动画中静止不变的对象，如背景和静态文字。

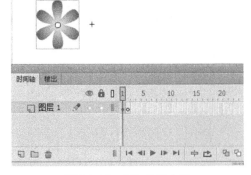

图 1-2-15　帧包含的内容

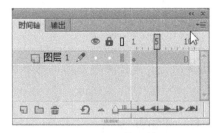

图 1-2-16　普通帧

② 关键帧：关键帧在时间轴中是含有黑色实心圆点的帧，是用来定义动画变化的帧，在动画制作过程中是最重要的帧类型。在使用关键帧时不能太频繁，过多的关键帧会增加文件的大小。补间动画的制作就是通过关键帧内插的方法实现的，如图 1-2-17 所示。

③ 空白关键帧：在时间轴中插入关键帧后，左侧相邻帧的内容就会自动复制到该关键

帧中，如果不想让新关键帧继承相邻左侧帧的内容，可以采用插入空白关键帧的方法。在每一个新建的 Flash 文档中都有一个空白关键帧。空白关键帧在时间轴中是含有空心小圆圈的帧，如图 1-2-18 所示。

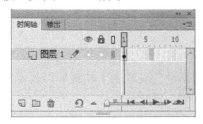

图 1-2-17　关键帧

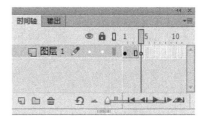

图 1-2-18　空白关键帧

由于 Flash 文档会保存每一个关键帧中的形状，所以制作动画时只须在插图中有变化的地方创建关键帧。

（3）帧的常见显示状态

帧在时间轴上具有多种表现形式，根据创建动画的不同，帧会呈现出不同的状态甚至是不同颜色：

① ●━━━━━━■：当起始关键帧和结束关键帧用一个黑色圆点表示，中间补间帧为紫色背景并被一个黑色箭头贯穿时，表示该动画是设置成功的传统补间动画。

② ●‥‥‥‥‥‥○：当传统补间动画被一条虚线贯穿时，表明该动画是设置不成功的传统补间动画。

③ ●━━━━━━→■：当起始关键帧和结束关键帧用一个黑色圆点表示，中间补间帧为绿色背景并被一个黑色箭头贯穿时，表示该动画是设置成功的补间形状动画。

④ ●‥‥‥‥‥‥■：当补间形状动画被一条虚线贯穿时，表明该动画是设置不成功的补间形状动画。

⑤ ●▭：如果在单个关键帧后面包含有浅灰色的帧，则表示这些帧包含与第一个关键帧相同的内容。

⑥ ●ᵃ▭：当关键帧上有一个小 a 标记时，表明该关键帧中有帧动作。

（4）使用【绘图纸外观】工具

一般情况下，在舞台中只能显示动画序列某一帧上的内容，为了便于定位和编辑动画，可以使用【绘图纸外观】工具，一次查看在舞台上两个或更多帧的内容。

① 工具的操作

单击【时间轴】面板上【绘图纸外观】按钮，在【时间轴】面板播放头两侧会出现"绘图纸外观"标记：即"开始绘图纸外观"和"结束绘图纸外观"标记，如图 1-2-19 所示。在这两个标记之间的所有帧的对象都会显示出来，但这些内容不可以被编辑。

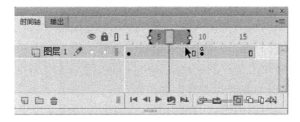

图 1-2-19　"绘图纸外观"标记

使用【绘图纸外观】工具时，不会显示锁定图层（带有挂锁图标的图层）的内容。为了便于清晰地查看对象，避免出现大量混乱的图像，可以锁定或隐藏不需要对其使用绘图纸外观的图层。

使用【绘图纸外观】工具可以设置图像的显示方式和显示范围，并且可以编辑【绘图纸外观】标记内的所有帧，相关的操作如下：

- 设置显示方式：如果舞台中的对象太多，为了方便查看其他帧上的内容，可以将具有"绘图纸外观"的帧显示为轮廓，单击【绘图纸外观轮廓】按钮即可显示对象轮廓。
- 移动【绘图纸外观】标记位置：选中"开始绘图纸外观"标记，可以向动画起始帧位置移动；选中"结束绘图纸外观"标记，可以向动画结束帧位置移动。一般情况下，选中整个"绘图纸外观"标记移动，将会和当前帧指针一起移动。
- 编辑标记内所有帧："绘图纸外观"只允许编辑当前帧，单击【编辑多个帧】按钮，可以显示"绘图纸外观"标记内每个帧的内容。

② 更改标记

使用【绘图纸外观】工具，还可以更改"绘图纸外观"标记的显示。单击【修改绘图纸标记】按钮，在弹出的下拉菜单中可以选择"始终显示标记"、"锚定标记"、"标记范围2"、"标记范围5"和"标记整个范围"5个选项。

这5个选项的具体作用如下：

① "始终显示标记"：无论"绘图纸外观"是否打开，都会在时间轴标题中显示绘图纸外观标记。

② "锚定标记"：将"绘图纸外观"标记锁定在时间轴当前位置。

③ "标记范围2"：显示当前帧左右两侧的2个帧内容。

④ "标记范围5"：显示当前帧左右两侧的5个帧内容。

⑤ "标记整个范围"：显示当前帧左右两侧的所有帧内容。

一般情况下，"绘图纸外观"范围和当前帧指针以及"绘图纸外观标记"相关，锚定"绘图纸外观"标记，可以防止它们随当前帧指针移动。

2.2 帧的操作

在制作动画时，用户可以根据需要对帧进行一些基本操作，如插入、选择、删除、清除、复制、移动帧等。

（1）插入帧

帧的操作可以在【时间轴】面板上操作，首先介绍插入帧的操作。

要在时间轴上插入帧，可以通过以下几种方法实现：

① 时间轴上选中要创建关键帧的帧位置，按下【F5】键，可以插入帧，按下【F6】键，可插入关键帧，按下【F7】键，可以插入空白关键帧。

② 在插入了关键帧或空白关键帧之后，可以直接按下【F5】键或其他键，进行扩展，每按一次，关键帧或空白关键帧长度将扩展1帧。

③ 右击时间轴上要创建关键帧的帧位置，在弹出的快捷菜单中选择"插入帧"、"插入关键帧"或"插入空白关键帧"命令，可以插入帧、关键帧或空白关键帧，如图1-2-20所示。

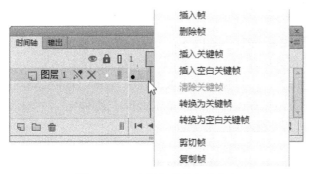

图 1-2-20　选择各种插入帧命令

④ 在时间轴选中要创建关键帧的位置，选择"插入"|"时间轴"命令，在弹出的子菜单中选择相应命令，可插入帧、关键帧和空白关键帧。

（2）选择帧

帧的选择是对帧及帧中内容进行操作的前提条件。要对帧进行操作，首先必须选择"窗口"|"时间轴"命令，打开【时间轴】面板。

选择帧可以通过以下几种方法实现：

① 选择单个帧：把光标移到需要的帧上，单击即可。

② 选择多个不连续的帧：按住【Ctrl】键，然后单击需要选择的帧。

③ 选择多个连续的帧：按住【Shift】键，单击需要选择该范围内的开始帧和结束帧，效果如图 1-2-21 所示。

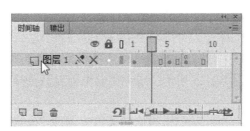

图 1-2-21　按住 Shift 选择连续帧

④ 选择所有的帧：在任意一个帧上右击，从弹出的快捷菜单中选择"选择所有帧"命令，如图 1-2-22 所示。或者选择"编辑"|"时间轴"|"选择所有帧"命令，同样可以选择所有的帧。

图 1-2-22　选择"选择所有帧"命令

（3）删除和清除帧

如果有不想要的帧，用户可以进行删除或清除帧的操作。

① 删除帧

删除帧操作不仅可以删除帧中的内容，还可以将选中的帧进行删除，还原为初始状态。如图 1-2-23 所示，左图为删除前的帧，右图为删除后的帧。

要进行删除帧的操作，可以按照选择帧的几种方法，先将要删除的帧选中，然后在选中帧中的任意帧上右击，从弹出的快捷菜单中选择"删除帧"命令；或者在选中帧以后选择"编辑"|"时间轴"|"删除帧"命令。

② 清除帧

清除帧与删除帧的区别在于：清除帧仅把被选中的帧上的内容清除，并将这些帧自动转换为空白关键帧状态，清除帧的效果如图 1-2-24 所示。

删除前的帧　　　　　　　删除后的帧　　　　　　　　　清除前的帧　　　　　　清除后的帧

图 1-2-23　删除帧　　　　　　　　　　　　　　图 1-2-24　清除帧

要进行清除帧的操作，可以按照选择帧的几种方法，先选中要清除的帧，然后在被选中帧中的任意一帧上右击，在弹出的快捷菜单中选择"清除帧"命令；或者在选中帧以后选择"编辑"|"时间轴"|"清除帧"命令。

（4）复制帧

复制帧操作可以将同一个文档中的某些帧复制到该文档的其他帧位置，也可以将一个文档中的某些帧复制到另外一个文档的特定帧位置。

要进行复制和粘贴帧的操作，可以按照选择帧的几种方法：

① 先将要复制的帧选中，然后在被选中帧中的任意一帧上右击，从弹出的快捷菜单中选择"复制帧"命令，如图 1-2-25 所示；或者在选中帧以后选择"编辑"|"时间轴"|"复制帧"命令。

②在需要粘贴的帧上右击，从弹出的快捷菜单中选择"粘贴帧"命令；或者在选中帧以后选择"编辑"|"时间轴"|"粘贴帧"命令即可。

（5）移动帧

帧的移动操作主要有下面两种：

① 将光标放置在所选帧上面，出现显示箭头状态时，拖动选中的帧，移动到目标帧位置以后释放鼠标，如图 1-2-26 所示。

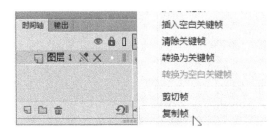
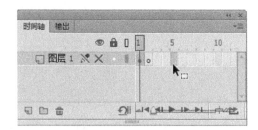

图 1-2-25　复制帧　　　　　　　　　　　　图 1-2-26　移动选中帧

② 选中需要移动的帧并右击，从打开的快捷菜单中选择"剪切帧"命令，然后选中帧移动的目的地并右击，从打开的快捷菜单中选择"粘贴帧"命令，如图 1-2-27 所示。

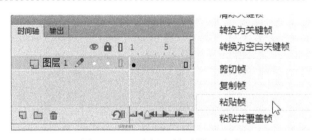

图1-2-27 选择"粘贴帧"命令

（6）翻转帧

翻转帧功能可以使选定的一组帧按照顺序翻转过来，使原来的最后一帧变为第1帧，原来的第1帧变为最后一帧。

要进行翻转帧操作，首先在时间轴上将所有需要翻转的帧选中，然后右击被选中的帧，从弹出的快捷菜单中选择"翻转帧"命令即可，如图1-2-28所示。

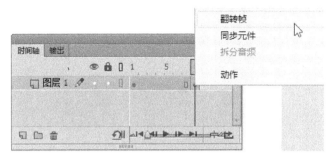

图1-2-28 选择"翻转帧"命令

（7）帧频和帧序列

帧序列就是指一列帧的顺序，帧频是指Flash动画播放的速度。用户可以进行改变帧序列的长度及设置帧频等操作。

① 更改帧序列的长度

将光标放置在帧序列的开始帧或结束帧处，按住【Ctrl】键使光标变为左右箭头，向左或向右拖动即可更改帧序列的长度，如图1-2-29所示。

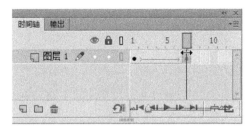

图1-2-29 拖长帧序列

② 更改帧频

● 选择"修改"|"文档"命令，打开"文档设置"对话框。在该对话框中的"帧频"文本框中输入合适的帧频数值，如图1-2-30所示。

图 1-2-30 "文档设置"对话框

● 选择"窗口"|"属性"命令，打开"属性"面板，在 FPS 文本框内输入帧频的数值，如图 1-2-31 所示。

图 1-2-31 "属性"面板内输入帧频

项目三

元件和库

任务一　元件

二维码微课：扫一扫，学一学。扫一扫二维码，观看本任务微课视频。

任务描述：本任务包括元件类型、创建元件、创建实例等内容。

1.1　元件类型

元件是存放在库中可被重复使用的动画元素。元件有"影片剪辑"、"按钮"和"图形"3 种类型，元件类型将决定元件的使用方法。在 Flash CC 中，元件是构成动画的基础，凡是使用 Flash 创建的所有文件，都可以通过某个或多个元件来实现，每个元件都具有唯一的时间轴、舞台及图层。

打开 Flash 程序，选择"插入"|"新建元件"命令，打开"创建新元件"对话框，选择元件类型，如图 1-3-1 所示。单击"高级"下拉按钮，展开对话框，可以显示更多高级设置。

图 1-3-1　"创建新元件"对话框

在"创建新元件"对话框中的"类型"下拉列表中可以选择创建的元件类型，可以选择"影片剪辑"、"按钮"和"图形"3 种类型元件。这 3 种类型元件的具体作用如下：

①"影片剪辑"元件:"影片剪辑"元件是Flash影片中一个相当重要的角色,它可以是一段动画,而大部分的Flash影片其实都是由许多独立的影片剪辑元件实例组成的。影片剪辑元件拥有绝对独立的多帧时间轴,可以不受场景和主时间轴的影响。

②"按钮"元件:使用"按钮"元件可以在影片中创建响应鼠标单击、滑过或其他动作的交互式按钮,它包括了"弹起"、"指针经过"、"按下"和"点击"4种状态,每种状态都可以创建不同内容,并定义与各种按钮状态相关联的图形,然后指定按钮实现的动作。"按钮"元件另一个特点是每个显示状态均可以通过声音或图形来显示,从而构成一个简单的交互性动画。

③"图形"元件:对于静态图像可以使用"图形"元件,并可以创建几个链接到主影片时间轴上的可重用动画片段。"图形"元件与影片的时间轴同步运行,交互式控件和声音不会在"图形"元件的动画序列中起作用。

1.2 创建元件

创建元件的方法有两种,一种是直接新建一个元件,然后在元件编辑模式下创建元件内容;另一种是将舞台中的某个元素转换为元件。下面将具体介绍创建几种类型元件的方法。

(1)创建"图形"元件

要创建"图形"元件,选择"插入"|"新建元件"命令,打开"创建新元件"对话框,在"类型"下拉列表中选择"图形"选项,单击【确定】按钮,如图1-3-2所示。

图1-3-2 选择"图形"类型

打开元件编辑模式,在该模式下进行元件制作,可以将位图或者矢量图导入舞台中转换为"图形"元件。也可以使用【工具】面板中的各种绘图工具绘制图形再将其转换为"图形"元件,如图1-3-3所示。

单击舞台窗口的场景按钮,可以返回场景,也可以单击后退按钮,返回到上一层模式。在"图形"元件中,还可以继续创建其他类型的元件。

创建的"图形"元件会自动保存在【库】面板中,选择"窗口"|"库"命令,打开【库】面板,在该面板中显示了已经创建的"图形"元件,如图1-3-4所示。

(2)创建"影片剪辑"元件

"影片剪辑"元件除了是图形对象,还可以是一个动画。它拥有独立的时间轴,并且可以在该元件中创建按钮、图形甚至其他影片剪辑元件。

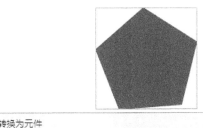

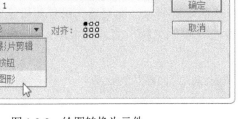

图 1-3-3　绘图转换为元件

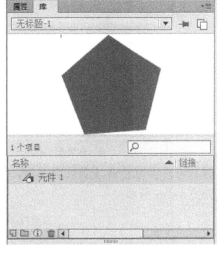

图 1-3-4　【库】面板

在制作一些较为大型的 Flash 动画时，不仅是舞台中的元素，很多动画效果也需要重复使用，由于"影片剪辑"元件拥有独立的时间轴，可以不依赖主时间轴而播放运行，因此，可以将主时间轴中的内容转化到"影片剪辑"元件中，方便反复调用。

在 Flash CC 中是不能直接将动画转换为"影片剪辑"元件的，可以使用复制图层的方法，将动画转换为"影片剪辑"元件。

（3）创建"按钮"元件

"按钮"元件是一个 4 帧的交互影片剪辑，选择"插入"|"新建元件"命令，打开"创建新元件"对话框，在"类型"下拉列表中选择"按钮"选项，单击【确定】按钮，打开元件编辑模式。

在"按钮"元件编辑模式中的【时间轴】面板里显示了"弹起"、"指针经过"、"按下"和"点击"4 个帧，如图 1-3-5 所示。

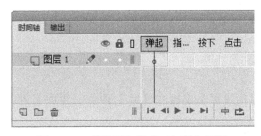

图 1-3-5　【按钮】的【时间轴】面板

每一帧都对应了一种按钮状态，其具体功能如下：

① "弹起"帧：代表指针没有经过按钮时该按钮的外观。

② "指针经过"帧：代表指针经过按钮时该按钮的外观。

③ "按下"帧：代表单击按钮时该按钮的外观。

④ "点击"帧：定义响应鼠标单击的区域。该区域中的对象在最终的 SWF 文件中不被显示。

1.3 创建实例

实例是元件在舞台中的具体表现，创建实例的过程就是将元件从【库】面板中拖动到舞台中，对创建的实例可以进行修改，从而得到依托于该元件的其他效果。

创建实例的方法：选择"窗口"|"库"命令，打开【库】面板，将【库】面板中的元件拖动到舞台中即可。实例只可以放在关键帧中，并且实例总是显示在当前图层上，如果没有选择关键帧，则实例将被添加到当前帧左侧的第 1 个关键帧上面。

创建实例后，系统都会指定一个默认的实例名称，如果要为影片剪辑元件实例指定实例名称，可以打开【属性】面板，这时在"实例名称"文本框中输入该实例的名称即可，如图 1-3-6 所示。

图 1-3-6　输入实例名称

任务二　库

09. 任务二
库

二维码微课：扫一扫，学一学。扫一扫二维码，观看本任务微课视频。

任务描述：本任务包括【库】面板和【库】项目、【库】的基本操作等内容。

2.1 【库】面板和【库】项目

在 Flash CC 中，创建的元件和导入的文件都存储在【库】面板中。在【库】面板中的资源可以在多个文档使用。

【库】面板是集成库项目内容的工具面板，【库】项目是库中的相关内容。

（1）【库】面板

选择"窗口"|"库"命令，打开【库】面板。面板的列表主要用于显示库中所有项目的名称，可以通过其查看并组织这些文档中的元素，如图 1-3-7 所示。

在【库】面板中的预览窗口中显示了存储的所有元件缩略图，如果是"影片剪辑"元件，可以在预览窗口中预览动画的效果。

（2）【库】项目

在【库】面板中的元素称为库项目，【库】面板中项目名称旁边的图标表示该项目的文件类型，可以打开任意文档的库，并能够将该文档的库项目用于当前文档。

有关库项目的一些处理方法如下：

① 在当前文档中使用库项目时，可以将库项目从【库】面板中拖动到舞台中。该项目会在舞台中自动生成一个实例，并添加到当前图层中。

② 要将对象转换为库中的元件，可以将项目从舞台拖动到当前【库】面板中，打开"转换为元件"对话框，进行转换元件的操作，如图 1-3-8 所示。

③ 要在另一个文档中使用当前文档的库项目，将项目从【库】面板或舞台中拖动到另一个文档的【库】面板或舞台中即可。

④ 要在文件夹之间移动项目，可以将项目从一个文件夹拖动到另一个文件夹中。如果新位置中存在同名项目，那么会打开"解决库冲突"对话框，提示是否要替换正在移动的项目，如图 1-3-9 所示。

图 1-3-7 【库】面板

图 1-3-8 "转换为元件"对话框

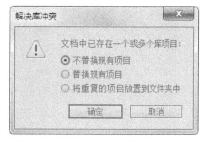

图 1-3-9 "解决库冲突"对话框

2.2 【库】的基本操作

在【库】面板中，可以使用【库】面板菜单中命令对库项目进行编辑、排序、重命名、删除，以及查看未使用的库项目等管理操作。

（1）编辑对象

要编辑元件，可以在【库】面板菜单中选择"编辑"命令，进入元件编辑模式，然后进行元件编辑，如图 1-3-10 所示。

（2）操作文件夹

在【库】面板中，可以使用文件夹来组织库项目。当用户创建一个新元件时，它会存储在选定的文件夹中。如果没有选定文件夹，该元件就会存储在库的根目录下。

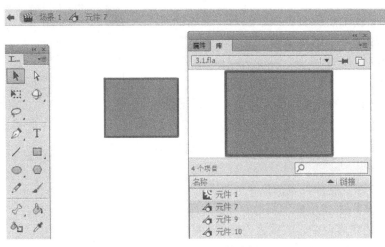

图 1-3-10　进行元件编辑

对【库】面板中的文件夹可以进行如下操作：

① 要创建新文件夹，可以在【库】面板底部单击【新建文件夹】按钮，如图 1-3-11 所示。

② 要打开或关闭文件夹，可以单击文件夹名前面的按钮，或选择文件夹后，在【库】面板菜单中选择"展开所有文件夹"或"折叠所有文件夹"命令，如图 1-3-12 所示。

图 1-3-11　单击【新建文件夹】按钮

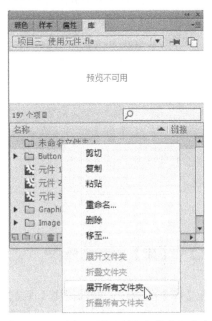

图 1-3-12　选择"展开所有文件夹"命令

（3）重命名库项目

在【库】面板中，用户还可以重命名库中的项目。但更改导入文件的库项目名称并不会更改该文件的名称。

要重命名库项目，可以执行如下操作：

① 双击该项目的名称，在"名称"列的文本框中输入新名称，如图 1-3-13 所示。

② 选择项目，并单击【库】面板下部的【属性】按钮，打开"元件属性"对话框。在"名称"文本框中输入名称，然后单击【确定】按钮，如图 1-3-14 所示。

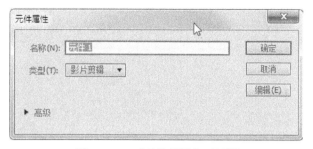

图 1-3-13　输入名称　　　　　　　　　　　　图 1-3-14　"元件属性"对话框

③ 选择库项目，在【库】面板单击下拉按钮，在弹出菜单中选择"重命名"命令，然后在"名称"列的文本框中输入新名称。

④ 在库项目上右击，在弹出的快捷菜单中选择"重命名"命令，并在"名称"列的文本框中输入新名称。

（4）删除库项目

默认情况下，当从库中删除项目时，文档中该项目的所有实例也会被同时删除。【库】面板中的"使用次数"列显示项目的使用次数，如图 1-3-15 所示。

要删除库项目，可以执行如下操作：

① 选择所需操作的项目，然后单击【库】面板下部的【删除】按钮，删除库项目

② 选择库项目，在【库】面板单击下拉按钮，在弹出菜单中选择"删除"命令来删除库项目，如图 1-3-16 所示。

③ 在所要删除的项目上右击，在弹出的快捷菜单中选择"删除"命令来删除库项目。

图 1-3-15　查看使用次数　　　　　　　　　　图 1-3-16　选择"删除"命令

项目四

绘制基本图形

任务一　Flash 图形简介

二维码微课：扫一扫，学一学。扫一扫二维码，观看本任务微课视频。

任务描述：本任务包括矢量图和位图、Flash 图形的色彩模式、Flash 常用的图形格式等内容。

在学习绘制和编辑图形的操作之前，首先要对 Flash 中的图形有较为清晰的认识，包括位图和矢量图的区别，以及图形色彩的相关知识。

1.1　认识矢量图和位图

计算机中的数字图像，通常分为位图和矢量图两种类型。

（1）位图

位图，也叫做点阵图或栅格图像，是由称作像素（图片元素）的单个点组成的。当放大位图时，可以看见用来构成整个图像的无数单个方块。扩大位图尺寸的效果是增多单个像素，从而使线条和形状显得参差不齐。简单地说，就是最小单位是由像素构成的图，放大后会失真。如图 1-4-1 所示为将位图右下角花瓣局部放大后模糊不清晰的状态。

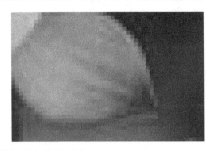

图 1-4-1　放大位图右下角花瓣局部

位图是由像素阵列的排列来实现其显示效果的，每个像素有自己的颜色信息。在对位图图像进行编辑操作时，操作的对象是像素，用户可以改变图像的色相、饱和度、亮度，从而改变图像显示效果，所以位图的色彩是非常艳丽的，常用于色彩丰富度或真实感比较高的场所。

（2）矢量图

矢量图，也称为向量图。在数学上定义为一系列由直线或者曲线连接的点，而计算机是根据矢量数据计算生成的，所以矢量图形文件体积较小，计算机在显示和存储矢量图时只是记录图形的边线位置和边线之间的颜色，而图形的复杂与否将直接影响矢量图文件的大小，与图形的尺寸无关，简单来说，也就是矢量图是可以任意放大缩小的，在放大和缩小后图形的清晰度都不会受到影响。

矢量图与位图最大的区别在于：矢量图的轮廓形状更容易修改和控制，且线条工整并可以重复使用，但是对于单独的对象，色彩上变化的实现不如位图方便、直接；位图色彩变化丰富，编辑位图时可以改变任何形状区域的色彩显示效果，但对轮廓的修改不太方便。

1.2 Flash 图形的色彩模式

在 Flash CC 中对图形进行色彩填充，使图形变得更加丰富多彩。由于不同的颜色在色彩的表现上存在某些差异，根据这些差异，色彩被分为若干种色彩模式，在 Flash CC 中，程序提供了 RGB 色彩模式。

RGB 色彩模式是一种最为常见、使用最广泛的颜色模式，它是以有色光的三原色理论为基础的。在 RGB 色彩模式中，任何色彩都被分解为不同强度的红、绿、监 3 种色光，其中 R 代表红色，G 代表绿色，B 代表蓝色。

电脑的显示器就是通过 RGB 方式来显示颜色的。在显示器屏幕栅格中排列的像素阵列中，每个像素都有一个地址。例如，位于从顶端数第 18 行、左端数第 65 列的像素的地址可以标记为（65，18），计算机通过这样的地址给每个像素附加特定的颜色值。每个像素都由单一的红色、绿色和蓝色的点构成，通过调节单个的红色、绿色和蓝色点的亮度，在每个像素上混合就可以得到不同的颜色。亮度都可以在 0～256 的范围内调节，因此，如果红色半开（值为 127）、绿色关（值为 0）、蓝色开（值为 255），像素将显示为微红的蓝色。

1.3 Flash 常用的图形格式

使用 Flash CC 可以导入多种图像文件格式，这些图像文件类型和相应的扩展名如表 1-4-1 所示。

表 1-4-1　Flash 常用的图形格式

扩 展 名	文 件 类 型	扩 展 名	文 件 类 型
.jpg	JPEG 文件	.qtif	QuickTime 图像
.pct、.pic	PICT 文件	.sgi	Silicon 图形图像
.png	PNG 文件	.tga	TGA 文件
.swf	Flash　Player 文件	.tif	TIFF 文件
.pntg	MacPaint 文件	.psd	Photoshop 文件

任务二 绘制线条图形

二维码微课：扫一扫，学一学。扫一扫二维码，观看本任务微课视频。

11. 任务二
绘制线条图形—
使用【线条】工具

12. 任务二
绘制线条图形—
使用【铅笔】工具

13. 任务二
绘制线条图形—
使用【钢笔】工具

任务描述：本任务包括【线条】工具、【铅笔】工具、【钢笔】工具的使用等内容。

矢量线条是构成图形基础的元素之一，Flash CC 提供了强大的线条绘制工具，包括【线条】工具、【铅笔】工具、【钢笔】工具等，我们使用这些工具可以绘制各种矢量线条图形。

2.1 【线条】工具

在 Flash CC 中，【线条】工具主要用于绘制不同角度的矢量直线或线条。在【工具】面板中选择【线条】工具，可通过"笔触颜色"调节或选择"线条"颜色，因为线条工具绘出的不是封闭区域，所以不能调节或选择"填充颜色"。将光标移动到舞台上，会显示为十字形状，向任意方向拖动，即可绘制出一条直线。

按住【Shift】键，然后向左或向右拖动，可以绘制出水平线条；同理，按住 Shift 键，向上或向下拖动，可以绘制出垂直线条；按住【Shift】键，斜向拖动可绘制出以 45 度为角度增量倍数的直线，如图 1-4-2 所示。

图 1-4-2 按住【Shift】键绘制水平线条、垂直线条、45 度为角度增量倍数的线条

线条工具的绘制模式有"对象"绘制和"图形"绘制。在【工具】面板中选择【线条】工具，再选择 "对象"绘制，绘出的线条是"对象"，"对象"线交叉后不会融合；如果你不选"对象"绘制，线条工具直接绘出的是"图形"，"图形"线交叉后会融合，如图 1-4-3 所示。【线条】工具用哪种模式，"对象"还是"图形"视实际需要而定。

选择【线条】工具以后，在菜单栏里选择"窗口"→"属性"命令，打开【线条】工具的【属性】面板，在该面板中可以设置线条颜色以及线条的笔触样式、大小等参数选项，如图 1-4-4 所示。

图 1-4-4　线条【属性】面板

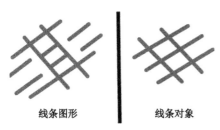

线条图形　　　　线条对象

图 1-4-3　线条"图形"与线条"对象"

该面板主要参数选项的具体作用如下：

① "填充和笔触"：可以设置线条的笔触颜色。

② "笔触"：可以设置线条的笔触大小，也就是线条的宽度。拖动滑块或在后面的文本框内输入数值可以调节笔触大小。

③ "样式"：可以设置线条的样式，如虚线、点状线、锯齿线等。可以单击右侧的【编辑笔触样式】按钮，打开"笔触样式"对话框，如图 1-4-5 所示。在该对话框中可以自定义笔触样式。

④ "端点"：设置线条的端点样式，可以选择"无"、"圆角"或"方型"端点样式。

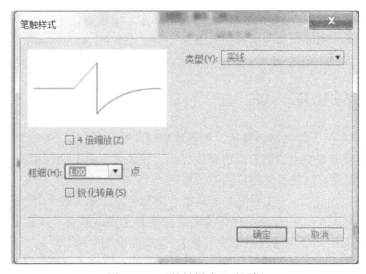

图 1-4-5　"笔触样式"对话框

2.2 【铅笔】工具

使用【铅笔】工具可以绘制任意线条，在【工具】面板中选择【铅笔】工具后，在所需位置按住鼠标左键不放拖动即可。

在【工具】面板中选择【铅笔】工具，可通过"笔触颜色"调节或选择线条颜色，因为铅笔工具绘出的不是封闭区域，所以不能调节或选择"填充颜色"。

在使用【铅笔】工具绘制线条时，按住【Shift】键，可以绘制出水平或垂直方向的线条，这一点和【线条】工具相似。

【铅笔】工具的绘制模式有"对象"绘制和"图形"绘制。在【工具】面板中选择【铅笔】工具，再选择 "对象"绘制，【铅笔】工具绘出的线条是"对象"，"对象"线交叉后不会融合；如果你不选"对象"绘制，【铅笔】工具直接绘出的是"图形"，"图形"线交叉后会融合，如图 1-4-6 所示。【铅笔】工具用哪种模式，"对象"还是"图形"视实际需要而定。

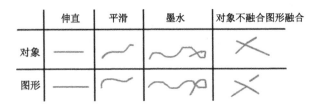

图 1-4-6　【铅笔】工具的绘制模式效果

选择【铅笔】工具后，在【工具】面板中会显示【铅笔模式】按钮。单击该按钮，会打开模式选择菜单。在该菜单中，可以选择【铅笔】工具的绘图模式。

在【铅笔模式】选择菜单中 3 个选项的具体作用如下：

① 伸直：画完线条后，会把线伸直。"伸直"模式可以使绘制的线条尽可能规整为几何图形。其中"伸直"模式用于绘制规则线条组成的图形，比如三角形、矩形等常见的几何图形。

② 平滑：画完线条后，会把线平滑处理。"平滑"模式可以使绘制的线条尽可能地消除线条边缘的棱角，使绘制的线条更加光滑。

③ 墨水：可以使绘制的线条更接近手写的感觉，在舞台上可以任意勾画。

2.3 【钢笔】工具

【钢笔】工具常用于绘制比较复杂、精确的曲线路径。"路径"由一个或多个直线段和曲线段组成，线段的起始点和结束点由锚点标记。使用【工具】面板中的【钢笔】工具，可以创建和编辑路径，以便绘制出需要的图形。

【钢笔】工具组右下角有一个小三角形按钮，单击会弹出下拉菜单，包含【钢笔工具】、【添加锚点工具】、【删除锚点工具】和【转换锚点工具】，如图 1-4-7 所示。

① 【钢笔工具】绘直线：选择【钢笔工具】，当光标变为钢笔形状时，在舞台中单击确定起始锚点，再选择合适的位置单击

图 1-4-7　【钢笔】工具组

确定第 2 个锚点，这时系统会在起点和第 2 个锚点之间自动连接一条直线。

②【钢笔工具】绘曲线和直线：选择【钢笔工具】，在舞台中单击确定起始锚点，再选择合适的位置单击确定第 2 个锚点并拖动，会改变连接两个锚点直线的曲率，使直线变为曲线，再次单击得曲线，再次单击得直线，按鼠标左键拖动得曲线。

③【添加锚点工具】：选择要添加锚点的图形，然后单击该工具按钮，在图形的线上单击即可添加一个锚点。

④【删除锚点工具】：选择要删除锚点的图形，然后单击该工具按钮，在边框线上的锚点上单击即可删除一个锚点。

⑤【转换锚点工具】：选择要转换锚点的矩形，然后单击该工具按钮，在锚点上单击即可实现"角形锚点"变成"弧形锚点"的转换，出现相应的控制线和线顶端的控制点，两端都有，锚点两边的线由直线变为圆弧。

对称平滑点：用部分选取工具改变一边控制点（或控制线），另一边也移动。

不对称平滑点：用部分选取工具改变一边控制点（或控制线），另一边不移动，如图 1-4-8 所示。

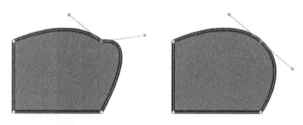

图 1-4-8　不对称平滑点和对称平滑点

用锚点转换工具可把对称平滑点转换为不对称平滑点，有两种方法：

方法一：选择锚点转换工具后直接拖动控制线端点，就变成了不对称平滑点，当用部分选取工具拖动不对称平滑点到与另一边控制线在同一直线时，会变为对称平滑点。

方法二：按 Alt 键直接用部分选取工具单击，对称平滑点会变成不对称平滑点。

任务三　绘制填充颜色

二维码微课：扫一扫，学一学。扫一扫二维码，观看本任务微课视频。

14. 任务三绘制填充颜色—使用【颜料桶】工具	15. 任务三绘制填充颜色—使用【墨水瓶】工具	16. 任务三绘制填充颜色—使用【滴管】工具	17. 任务三绘制填充颜色—使用【画笔】工具	18. 任务三绘制填充颜色—使用【橡皮擦】工具

任务描述：本任务包括【颜料桶】工具、【墨水瓶】工具、【滴管】工具、【画笔】工具和【橡皮擦】工具的使用等内容。

3.1 【颜料桶】工具

在 Flash CC 中，【颜料桶】工具用来填充图形内部的颜色。选择【工具】面板中的【颜料桶】工具，打开【属性】面板，在该面板中可以设置【颜料桶】的填充，如图 1-4-9 和图 1-4-10 所示。

图 1-4-9　颜料桶的【属性】面板

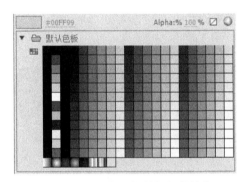

图 1-4-10　设置【颜料桶】的填充

选择【颜料桶】工具，单击【工具】面板中的【空隙大小】按钮，在弹出的菜单中可以选择【不封闭空隙】、【封闭小空隙】、【封闭中等空隙】和【封闭大空隙】4 个选项，如图 1-4-11 所示。

该菜单 4 个选项的作用分别如下：

① 不封闭空隙：只能填充完全闭合的区域。

② 封闭小空隙：可以填充存在较小空隙的区城。

③ 封闭中等空隙：可以填充存在中等空隙的区域。

④ 封闭大空隙：可以填充存在较大空隙的区域。

4 种空隙模式的效果如图 1-4-12 所示。

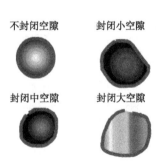

不封闭空隙　　封闭小空隙

封闭中空隙　　封闭大空隙

图 1-4-11　四种空隙选项

图 1-4-12　四种空隙模式效果

3.2 【墨水瓶】工具

在 Flash CC 中，【墨水瓶】工具用于更改矢量线条或图形的边框颜色等。打开其【属性】面板，可以设置"笔触颜色"、"笔触"和"样式"等选项，如图 1-4-13 所示。

选择【墨水瓶】工具，将光标移至没有笔触的图形上，单击鼠标，可以给图形添加笔触；将光标移至已经设置好笔触颜色的图形上，单击鼠标，图形的笔触会改为【墨水瓶】工具使用的笔触颜色。

3.3 【滴管】工具

在 Flash CC 中，使用【滴管】工具，可以吸取现有图形的线条或填充上的颜色及风格等信息，并可以将该信息应用到其他图形上。

图 1-4-13 墨水瓶【属性】面板

选择【工具】面板上的【滴管】工具，移至舞台中，光标会显示滴管形状；当光标移至线条上时，【滴管】工具的光标下方会显示出滴管形状，这时单击即可拾取该线条颜色作为填充样式；当【滴管】工具移至填充区域内时，【滴管】工具的光标下方会显示出滴管形状，这时单击即可拾取该区域颜色作为填充样式。

使用【滴管】工具拾取线条颜色时，会自动切换【墨水瓶】工具为当前操作工具，并且工具的填充颜色正是【滴管】工具所拾取的颜色。使用【滴管】工具拾取区域颜色和样式时，会自动切换【颜色桶】工具为当前操作工具，并打开"锁定填充"功能，而且工具的填充颜色和样式正是【滴管】工具所拾取的填充颜色和样式。

3.4 【画笔】工具

【画笔】工具或叫【刷子】工具，钢笔、铅笔画出来的都是边框，是线条，【画笔】工具画出来的是填充色。在 Flash CC 中，【画笔】工具用于绘制形态各异的矢量色块或创建特殊的绘制效果。选择【画笔】工具，打开其【属性】面板，可以设置【画笔】工具的绘制平滑度属性以及颜色，如图 1-4-14 所示。

选择【画笔】工具，在【工具】面板中会显示"对象绘制"、"锁定填充"、"刷子形状"、"刷子大小"和"刷子模式"等选项。这些选项的作用分别如下：

① 【对象绘制】按钮：单击该按钮将切换到对象绘制模式。在该模式下绘制的色块是独立对象，即使和以前绘制的色块相重叠，也不会合并起来。

② 【锁定填充】按钮：单击该按钮，将会自动将上一次绘图时的笔触颜色变化规律锁定，并将该规律扩展到整个舞台。在非锁定填充模式下，任何一次笔触都将包含一个完整的渐变过程，即使只有一个点。

③ 【刷子大小】按钮：单击该按钮，会弹出下拉列表，有 8 种刷子的大小供用户选择。

④ 【刷子形状】按钮：单击该按钮，会弹出下拉列表，有 9 种刷子的形状供用户选择。

⑤ 【刷子模式】按钮：单击该按钮，会弹出下拉列表，有 5 种刷子的模式供用户选择。

图 1-4-14　刷子【属性】面板

刷子工具的 5 种模式具体作用如下：

① "标准绘画"模式：绘制的图形会覆盖下面的图形。

② "颜料填充"模式：可以对图形的填充区域或者空白区域进行涂色，但不会影响线条。

③ "后面绘画"模式：可以在图形的后面进行涂色，而不影响原有线条和填充。

④ "颜料选择"模式：可以对已选择的区域进行涂绘，而未被选择的区域则不受影响。在该模式下，无论选择区域中是否包含线条，都不会对线条产生影响。

⑤ "内部绘画"模式：涂绘区域取决于绘制图形时落笔的位置。如果落笔在图形内，则只对图形的内部进行涂绘；如果落笔在图形外，则只对图形的外部进行涂绘；如果落笔在图形内部的空白区域开始涂色，则只对空白区域进行涂色，而不会影响任何现有的填充区域。该模式不会对线条进行涂色。

3.5　【橡皮擦】工具

在 Flash CC 中，【橡皮擦】工具就是一种擦除工具，可以快速擦除舞台中的任何矢量对象，包括笔触和填充区域。【橡皮擦】工具只能对矢量图形进行擦除，对文字和位图无效，如果要擦除文字或位图，必须先按住【Ctrl+B】组合键将文字或位图打散，然后才能使用【橡皮擦】工具对其进行擦除。

选择【工具】面板中的【橡皮擦】工具，此时在【工具】面板中会显示【橡皮擦】模式按钮、【水龙头】按钮和【橡皮擦形状】按钮。单击【水龙头】按钮用来快速删除笔触或填充区域；单击【橡皮擦形状】按钮将弹出下拉菜单，提供了 10 种橡皮擦工具的形状，如图 1-4-15 所示。单击【橡皮擦模式】按钮，可以在打开的"模式选择"菜单中选择橡皮擦模式，如图 1-4-16 所示。

图 1-4-15　10 种橡皮擦工具的形状　　　　　图 1-4-16　橡皮擦模式

关于橡皮擦模式的功能如下：

① "标准擦除"模式：可以擦除同一图层中擦除操作经过区域的笔触及填充。

② "擦除填色"模式：只擦除对象的填充，而对笔触没有任何影响。

③ "擦除线条"模式：只擦除对象的笔触，而不会影响到其填充部分。

④ "擦除所选填充"模式：只擦除当前对象中选定的填充部分，对未选中的填充及笔触没有影响。

⑤ "内部擦除"模式：则只擦除【橡皮擦】工具开始处的填充，如果从空白点处开始擦除，则不会擦除任何内容。选择该种擦除模式，同样不会对笔触产生影响。

任务四　绘制几何形状图形

二维码微课：扫一扫，学一学。扫一扫二维码，观看本任务微课视频。

19. 任务四	20. 任务四	21. 任务四
绘制几何形状	绘制几何形状	绘制几何形状
图形—使用	图形—使用	图形—使用【多
【矩形】工具	【椭圆】工具	角星形】工具

任务描述：任务包括【矩形】工具、【椭圆】工具以及【多角星形】工具的使用等内容。

Flash CC 提供了强大的标准绘图工具，使用这些工具可以绘制一些标准的几何图形，主要包括【矩形】工具、【椭圆】工具及【多角星形】工具等。

4.1　【矩形】工具

【工具】面板中的【矩形】工具和【基本矩形】工具用于绘制矩形图形，这些工具不仅能设置矩形的形状、大小、颜色，还能设置边角半径以修改矩形形状。

图 1-4-17　矩形【属性】面板

（2）【基本矩形】工具

（1）【矩形】工具

选择【工具】面板中的【矩形】工具，在舞台中进行拖动，即可开始绘制矩形。如果按住【Shift】键可以绘制正方形图形。选择【矩形】工具后，打开其【属性】面板，如图 1-4-17 所示。

【矩形】工具【属性】面板的主要参数选项的具体作用如下：

① 笔触颜色：设置矩形的笔触颜色，也就是矩形的外框颜色。

② 填充颜色：设置矩形的内部填充颜色。

③ 样式：设置矩形的笔触样式。

④ 缩放：设置矩形的缩放模式，包括"一般"、"水平"、"垂直"、"无" 4 个选项。

⑤ "矩形选项"其中文本框内的参数可以用于设置矩形的 4 个直角半径，正值为正半径，负值为反半径。

单击"矩形选项"区里左下角的按钮，可以为矩形的 4 个角设置不同的角度值，单击【重置】按钮将重置所有数值，即角度值还原为默认值 0。

使用【基本矩形】工具，可以绘制出更加易于控制和修改的矩形形状。选择【基本矩形】工具后，打开其【属性】面板，如图 1-4-18 所示。在【工具】面板中选择【基本矩形】工具后，在舞台中进行拖动，即可绘制出基本矩形图。绘制完成后，选择【工具】面板中的【部分选取】工具，可以随意调节矩形图形的角半径，如图 1-4-19 所示。

图 1-4-18　基本矩形【属性】面板

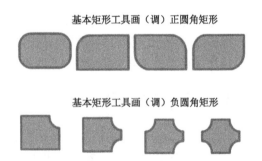

基本矩形工具画（调）正圆角矩形

基本矩形工具画（调）负圆角矩形

图 1-4-19　使用基本矩形工具调节矩形圆角

4.2 【椭圆】工具

【工具】面板中的【椭圆】工具和【基本椭圆】工具用于绘制椭圆图形，它们与【矩形】工具和【基本矩形】工具类似，差别主要在于椭圆工具的选项中有关角度和内径的设置。

（1）【椭圆】工具

选择【工具】面板中的【椭圆】工具，在舞台中进行拖动，即可绘制出椭圆。按住【Shift】键，可以绘制一个正圆图形，选择椭圆工具后，打开【属性】面板，如图1-4-20所示。

图1-4-20　基本椭圆【属性】面板

该【属性】面板中的主要参数选项的具体作用与【矩形】工具属性面板基本相同，其中各选项的作用如下：

① 开始角度：设置椭圆绘制的起始角度，正常情况下绘制椭圆时是从0度开始绘制的。

② 结束角度：设置椭圆绘制的结束角度，正常情况下，绘制椭圆的结束角度为0度，默认绘制的是一个封闭的椭圆。

③ 内径：设置内侧椭圆的大小，内径大小范围为0～99。

④ 闭合路径：设置椭圆的路径是否闭合。默认情况下选中该选项，若取消选中该选项，要绘制一个未闭合的形状，只能绘制该形状的笔触。

⑤ 【重置】按钮：恢复【属性】面板中所有选项设置，并将在舞台上绘制的基本椭圆形状恢复为原始大小和形状。

（2）【基本椭圆】工具

单击【工具】面板中的【椭圆】工具按钮，在弹出的下拉菜单中选择【基本椭圆】工具，与【基本矩形】工具的属性类似，使用【基本椭圆】工具可以绘制出更加易于控制和修改的椭圆形状，选择椭圆工具后，打开其【属性】面板，如图 1-4-21 所示。

绘制完成后，选择【工具】面板中的【部分选取】工具，拖动基本椭圆圆周上的控制点，可以调整其完整性，拖动圆心处的控制点可以将椭圆调整为圆环，如图 1-4-22 所示。

图 1-4-21　基本椭圆【属性】面板

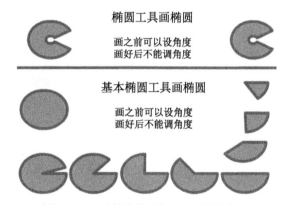

椭圆工具画椭圆

画之前可以设角度
画好后不能调角度

基本椭圆工具画椭圆

画之前可以设角度
画好后不能调角度

图 1-4-22　【基本椭圆】工具绘制的椭圆

4.3　【多角星形】工具

使用【多角星形】工具可以绘制多边形图形和多角星形图形，这些图形经常应用到实际动画制作过程中。选择【多角星形】工具后，将光标移动到舞台上，进行拖动，系统默认是绘制出五边形，通过设置也可以绘制其他多角星形的图形。

选择【多角星形】工具后，打开其【属性】面板，如图 1-4-23 所示。在该面板中的大部分参数选项与之前介绍的图形绘制工具相同，单击"工具设置"选项卡中的【选项】按钮，可以打开"工具设置"对话框，如图 1-4-24 所示。

"工具设置"对话框中主要参数选项的具体作用如下：

① 样式：设置绘制的多角星形样式，可以选择"多边形"和"星形"选项。

② 边数：设置绘制的图形边数，范围为 3～32。

③ 星形顶点大小：设置绘制的图形顶点大小。

图 1-4-23　多角星形【属性】面板

图 1-4-24　"工具设置"对话框

任务五　查看 Flash 图形

22. 任务五
查看 Flash 图形

二维码微课：扫一扫，学一学。扫一扫二维码，观看本任务微课视频。

任务描述：任务包括【手形】工具、【缩放】工具的使用等内容。

5.1　【手形】工具

Flash CC 中的查看工具分为【手形】工具、【缩放】工具，分别用来平移设计区中的内容、放大或缩小设计区显示比例。

当视图被放大或者舞台面积较大，整个场景无法在视图窗口中完整显示时，用户要查看场景中的某个局部，就可以使用【手形】工具。

选择【工具】面板中的【手形】工具，将光标移动到舞台中，当光标显示为手形形状时，进行拖动，可以调整舞台在视图窗口中的位置，如图 1-4-25 所示为使用【手形】工具移动舞台位置。使用【手形】工具时，只会移动舞台，而对舞台中对象的位置没有任何影响。

图 1-4-25　使用【手形】工具移动舞台

5.2 【缩放】工具

【缩放】工具是最基本的视图查看工具，用于缩放视图的局部和全部。选择【工具】面板中的【缩放】工具，在【工具】面板中会出现【放大】按钮和【缩小】按钮。

单击【放大】按钮后，光标在舞台中显示放大形状，单击可以按当前视图比例的 2 倍进行放大，最大可以放大到 20 倍，如图 1-4-26 所示。

单击【缩小】按钮，光标在舞台中显示缩小形状，在舞台中单击可以按当前视图比例的 1/2 进行缩小，最小可以缩小到原图的 4%，如图 1-4-27 所示。

图 1-4-26　放大视图　　　　　　　　　　图 1-4-27　缩小视图

选择【缩放】工具后，在舞台中以拖动矩形框的方式来放大指定区域，如图 1-4-28 所示。

此外，舞台的比例可以通过舞台右上角的"视图比例"下拉列表框查看。

图 1-4-28　使用矩形框放大视图

任务六　选择 Flash 图形

二维码微课：扫一扫，学一学。扫一扫二维码，观看本任务微课视频。

23. 任务六
选择 Flash 图形
一使用【选择】
工具

24. 任务六
选择 Flash 图形
一使用【部分选
取】工具

25. 任务六
选择 Flash 图形
一使用【套索】
工具

　　任务描述：本任务包括【选择】工具、【部分选取】工具、【套索】工具等内容。

　　Flash CC 中的选择工具可以分为【选择】工具、【部分选取】工具区和【套索】工具，分别用来抓取、选择、移动和调整曲线，以及调整和修改路径和自由选定要选择的区域。

6.1　【选择】工具

　　【选择】工具有四个功能：选择、移动、复制、变形。

　　（1）选择

　　我们用【矩形】工具绘制的"矩形"，可以是"对象"和"图形"，选择"工具箱"的"对象绘制"时，绘出的矩形是"对象"；否则绘出的矩形是"图形"。

　　我们用【矩形】工具绘制 3 个矩形"对象"和 1 个矩形"图形"。

　　【选择】工具选择的三种方式：点选、框选、加选。

　　① 点选：鼠标在矩形"对象"上单击，就选择了一个矩形"对象"。

　　② 框选：鼠标拖动一个方框，把 3 个矩形对象选进去。

　　③ 加选：先选中一个矩形，按【Shift】键再选中另一个矩形，可加选矩形。

　　（2）移动：选中"对象"或"图形"，移动鼠标即可移动"对象"或"图形"。

　　（3）复制：选中"对象"或"图形"，按【Alt】键不放拖动鼠标，即可复制"对象"或"图形"。

　　（4）变形

　　无论是"对象"还是"图形"都可以变形，前提是不能选中"对象"或"图形"。鼠标指针靠近"对象"或"图形"时，鼠标指针前会出现弧形或角形，拖动鼠标，可以使"对象"或"图形"变形，改变弧度或改变角点，如图 1-4-29 所示。

　　选择【工具】面板中的【选择】工具，在【工具】面板中显示了【贴紧至对象】按钮、【平滑】按钮和【伸直】按钮，其各自的功能如下：

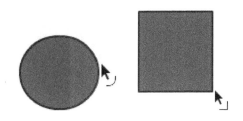

图 1-4-29　调整曲线和顶点

① 【贴紧至对象】按钮：选择该按钮，在进行绘图、移动、旋转和调整操作时将和对象自动对齐。

② 【平滑】按钮：旋转该按钮，可以对直线和开头进行平滑处理。

③ 【伸直】按钮：选择该按钮，可以对直线和开头进行伸直处理。

④ 【平滑】和【伸直】按钮：只适用于形状对象，对组合、文本，实例和位图都不起作用。

6.2　【部分选取】工具

【部分选取】工具主要用于选择线条、移动线条和编辑节点以及节点方向等。它的使用方法和作用与【选择】工具类似，区别在于，使用【部分选取】工具选中一个对象后，对象的轮廓线上将出现多个控制点（锚点），表示该对象已经被选取。

在使用【部分选取】工具选中对象之后，可对其中的控制点进行拉伸或修改曲线，具体操作如下：

① 移动控制点：选择的图形对象周围将显示出由一些控制点围成的边框，用户可以选择其中一个控制点，此时光标右下角会出现一个空白方块，拖动该控制点，可以改变图形轮廓，如图 1-4-30 所示。

② 改变控制点曲度：可以选择其中一个控制点来设置图形在该点的曲度。选择某个控制点之后，按住【Alt】键移动，该点附近将出现两个在此点调节曲形曲度的控制柄，此时空心的控制点将变为实心，可以拖动这两个控制柄，改变长度或者位置以实现对该控制点的曲度控制，如图 1-4-31 所示。

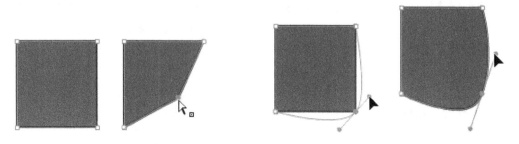

图 1-4-30　移动控制点　　　　　　　图 1-4-31　改变控制点曲度

③ 移动对象：使用【部分选取】工具靠近对象，当光标显示黑色实心方块时，可将对象拖动到所需位置，如图 1-4-32 所示。

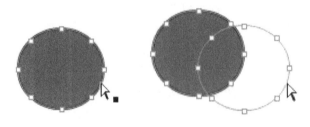

图 1-4-32　移动对象

6.3 【套索】工具

【套索】工具，主要用于选择图形中的不规则区域和相连的相同颜色的区域。单击【套索】工具，会弹出下拉菜单，可以选择【套索】工具、【多边形】工具和【魔术棒】工具。

（1）使用【套索】工具：【套索】工具可以选择图形对象（位图必须要是分离后的图形）中的不规则区域，在图形对象上拖动，并在开始位置附近结束拖动，形成一个封闭的选择区域；或在任意位置释放鼠标，系统会自动用直线段来闭合选择区域，如图 1-4-33 所示。使用【套索】工具勾画选取范围的过程中，按【Alt】键，可以在勾画直线和勾画不规则线段这两种模式之间进行自由切换。要勾画不规则区域时直接在图形对象上拖动；要勾画直线时，按住【Alt】键单击设置起始和结束点即可。

（2）使用【多边形】工具：【多边形】工具可以选择图形对象（位图必须要是分离后的图形）中的多边形区域，在图形对象上单击设置起始点，并依次在其他位置上单击，最后在结束处双击即可，如图 1-4-34 所示。

图 1-4-33　使用【套索】工具

图 1-4-34　使用【多边形】工具

（3）使用【魔术棒】工具：【魔术棒】工具可以选中图形对象中相似颜色的区域（位图必须要是分离后的图形），如图 1-4-35 所示，选择【魔术棒】工具后，单击面板上的【属性】按钮，打开魔术棒【属性】面板，如图 1-4-36 所示。

图 1-4-35　使用【魔术棒】工具

图 1-4-36　魔术棒【属性】面板

【魔术棒】工具属性面板中的选项作用分别如下：

①"阈值"：可以输入【魔术棒】工具选取颜色的容差值。容差值越小，所选择的色彩

的精度就越高，选择的范围就越小。

②"平滑"下拉列表：可以选择【魔术棒】工具选取颜色的方式，在下拉列表中选择"像素"、"粗略"、"一般"和"平滑"4 个选项，这些选项分别代表选择区域边缘的平滑度。

任务七　图形的排列与变形

二维码微课：扫一扫，学一学。扫一扫二维码，观看本任务微课视频。

26. 任务七
图形的排列与
变形—图形的
排列命令

27. 任务七
图形的排列与
变形—使用
【对齐】面板

28. 任务七
图形的排列与
变形—使用【任
意变形】工具

29. 任务七
图形的排列与
变形—使用【变
形】面板

任务描述：本任务包括图形的排列命令、【对齐】面板、【任意变形】工具、【变形】面板等内容。

7.1　图形的排列命令

在绘制多个图形时，需要启用【工具】面板上的【对象绘制】按钮，这样画出的图形在重叠中才不会影响其他图形，否则上面的图形移动后会删除下面层叠的图形。

在同一图层中，绘制的 Flash 图形会根据创建的顺序层叠对象，用户也可以使用"修改"→"排列"命令对多个图形对象进行上下排列。

为在舞台上绘制多个图形对象时，Flash 会以层叠的方式显示各个图形对象，若要把下方的图形放置在最上方，则可以选中该对象后，选择"修改"→"排列"→"移至顶层"命令即可完成操作。如图 1-4-37 所示，先选中最底层的图形，选择"修改"→"排列"→"移至顶层"命令后，则将最底层的图形移至顶层。

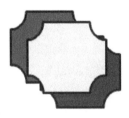

图 1-4-37　排列图形

如果想将图形对象向上移动一层，则可以选中该对象后，选择"修改"→"排列"→

"上移一层"命令，即可完成操作。若想向下移动一层，选择"修改"→"排列"→"下移一层"命令。若想将上层的图形对象移到最底层，则可以选择"修改"→"排列"→"移至底层"命令。

7.2 【对齐】面板

打开【对齐】面板，在该面板中可以进行对齐对象的操作，如图 1-4-38 所示。要对多个对象进行对齐与分布操作，先选中图形对象，然后选择"修改"→"对齐"命令，在子菜单中选择多种对齐命令，如图 1-4-39 所示，也可以打开【对齐】面板进行设置。

图 1-4-38 【对齐】面板

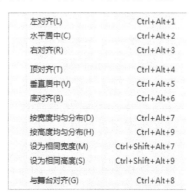

图 1-4-39 多种对齐命令

其中各类对齐选项的作用如下：

① 单击【对齐】面板中"对齐"选项区域中的【左对齐】、【水平中齐】、【右对齐】、【上对齐】、【垂直中齐】和【底对齐】按钮，可设置对象的不同方向对齐方式。

② 单击【对齐】面板中"分布"选项区域中的【顶部分布】、【垂直居中分布】、【底部分布】、【左侧分布】、【水平居中分布】和【右侧分布】按钮，可设置对象不同方向的分布方式。

③ 单击【对齐】面板中"匹配大小"区域中的【匹配宽度】按钮，可使所有选中的对象与其中最宽的对象宽度相匹配；单击【匹配高度】按钮，可使所有选中的对象与其中最高的对象高度相匹配；单击【匹配宽和高】按钮，将使所有选中的对象与其中最宽对象的宽度和最高对象的高度相匹配。

④ 单击【对齐】面板中"间隔"区域中的【垂直平均间隔】和【水平平均间隔】按钮，可使对象在垂直方向或水平方向上等间距分布。

⑤ 选中"和舞台对齐"单选按钮，可以使对象以设计区的舞台为标准，进行对象的对齐与分布设置；如果取消选中状态，则以选择的对象为标准进行对象的对齐与分布。

7.3 【任意变形】工具

使用【工具】面板中的【任意变形】工具，可以对对象进行旋转、扭曲和封套等操作。选中【任意变形】工具，在【工具】面板中会显示【贴紧至对象】、【旋转和倾斜】、【缩放】、【扭曲】和【封套】按钮，如图 1-4-40 所示。选中对象，在对象的四周会显示 8 个控制点，在中心位置会显示一个中心点，如图 1-4-41 所示。

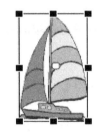

图 1-4-40　【任意变形】工具显示按钮　　　　　　图 1-4-41　显示控制点

（1）变形操作

选中图形对象后，可以执行以下的变形操作：

① 将光标移至 4 个角上的控制点处，当鼠标指针变为倾斜双向箭头时，进行拖动，可同时改变对象的宽度和高度。

② 将光标移至 4 个边上的控制点处，当鼠标指针变为左右箭头时，进行拖动，可改变对象的宽度，当鼠标指针变为上下箭头时，进行拖动，可改变对象的高度。

③ 将光标移至 4 个角上的控制点外侧，当鼠标指针变为圆形箭头形状时，进行拖动，可对对象进行旋转。

④ 将光标移至 4 个边上，当鼠标指针变为上下双向箭头时，进行拖动，可对对象进行倾斜。

⑤ 将光标移至对象上，当鼠标指针变为上下左右四个方向箭头时，进行拖动，可对对象进行移动。

⑥ 将光标移至中心点的旁边，当鼠标指针变为带小圆圈的箭头时，进行拖动，可改变中心点的位置。

（2）旋转倾斜图形

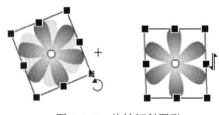

图 1-4-42　旋转倾斜图形

选择【工具】面板中的【任意变形】工具，然后单击【旋转与倾斜】按钮，选中对象边缘的各个控制点，当光标显示为圆形箭头形状时，可以旋转对象；当光标显示为左右双向箭头形状时，可以水平方向倾斜对象；当光标显示上下双向箭头形状时，可以垂直方向倾斜对象，如图 1-4-42 所示。

（3）缩放图形

缩放图形对象可以在垂直或水平方向上缩放，还可以在垂直和水平方向上同时缩放。选择【工具】面板中的【任意变形】工具，然后单击【缩放】按钮，选中要缩放的对象，对象四周会显示框选标志，拖动对象某条边上的中点可将对象进行垂直或水平缩放，拖动某个顶点，则可以使对象在垂直和水平方向上同时进行缩放，如图 1-4-43 所示。

（4）扭曲图形

扭曲图形对象可以对图形进行锥化处理。选择【工具】面板中的【任意变形】工具，然后单击【扭曲】按钮，拖动边上的角控制点，即可对图形对象进行扭曲。

（5）封套图形

封套图形对象可以对图形进行任意形状的修改。选择【工具】面板中的【任意变形】

工具，然后单击【封套】按钮，再选中对象，在对象的四周会显示若干控制点和切线手柄，拖动这些控制点及切线手柄，即可对对象进行任意形状的修改，如图 1-4-44 所示。

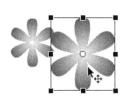

图 1-4-43　缩放图形

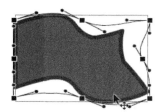

图 1-4-44　封套图形

7.4　【变形】面板

选择对象，然后再选择"窗口"→"变形"命令，打开【变形】面板。在该面板中可以设置缩放、旋转或倾斜的角度，单击【重制选区和变形】按钮可以复制对象，如图 1-4-45 所示为一个矩形以 15 度角进行旋转，多次单击【重制选区和变形】按钮后所创建的图形。

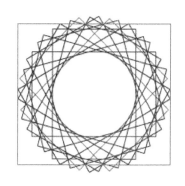

图 1-4-45　使用【变形】面板复制图形

任务八　调整图形颜色

30. 任务八
调整图形颜色
—使用【颜色】
面板

31. 任务八
调整图形颜色
—使用【渐变变
形】工具

二维码微课：扫一扫，学一学。扫一扫二维码，观看本任务微课视频。

任务描述：本任务包括【颜色】面板、【渐变变形】工具等内容。

用户若要自定义颜色或者对已经填充的颜色进行调整，需要用到【颜色】面板。另外，使用【渐变变形】工具可以进行颜色的填充变形，在【属性】面板中还能改变对象的亮度、色调及透明度等。

8.1 【颜色】面板

选择"窗口"→"颜色"命令，可以打开【颜色】面板，如图 1-4-46 所示，打开右侧的下拉列表框，可以选择"无"、"纯色"、"线性渐变"、"径向渐变"和"位图填充"5 种填充方式，如图 1-4-47 所示。

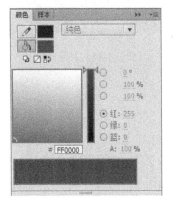

图 1-4-46　【颜色】面板　　　　　　　　　　图 1-4-47　设置颜色填充方式

在颜色面板的中部有选色窗口，用户可以在窗口右侧拖动滑块调节色域，然后在窗口中选中需要的颜色；在右侧分别提供了 HSB 颜色组合项和 RGB 颜色组合项，用户可以直接输入数值以合成颜色。

单击"笔触颜色"和"填充颜色"右侧的颜色控件，都会弹出【调色板】面板，用户可以方便快捷地从中选取颜色，如图 1-4-48 所示，在【调色板】面板中单击右上角的【颜色选择器】按钮，打开"颜色选择器"对话框，在该对话框中可以选择颜色，如图 1-4-49 所示。

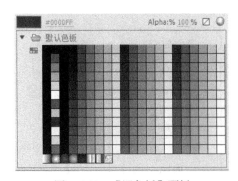

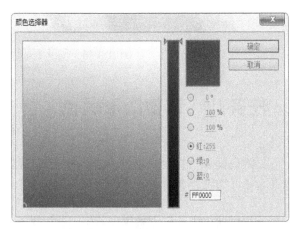

图 1-4-48　【调色板】面板　　　　　　　　　　图 1-4-49　"颜色选择器"对话框

8.2 【渐变变形】工具

单击【任意变形】工具按钮后，在下拉菜单中选择【渐变变形】工具，该工具可以通过调整填充的大小、方向或者中心位置，对渐变填充或位图填充进行变形操作。

（1）线性渐变填充

选择【工具】面板中的【渐变变形】工具，选择线性渐变填充，显示线性渐变填充的调节手柄，如图 1-4-50 所示。

调整线性渐变填充的具体操作方法如下：

① 将光标指向中间的圆形控制柄时，光标变为上下左右方向箭头形状，此时拖动该控制柄，可以调整线性渐变填充的位置，如图 1-4-51 所示。

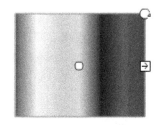

图 1-4-50　线性渐变填充的调节手柄

图 1-4-51　调整线性渐变填充的位置

② 将光标指向右边中间的方形控制柄时，光标变为左右方向箭头形状，拖动该控制柄，可以调整线性渐变填充的缩放，如图 1-4-52 所示。

③ 将光标指向右上角的环形控制柄时，光标变为圆形箭头，拖动该控制柄，可以调整线性渐变填充的方向，如图 1-4-53 所示。

图 1-4-52　调整线性渐变填充的缩放

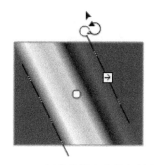

图 1-4-53　调整线性渐变填充的方向

（2）径向渐变填充

径向渐变填充即为以前版本所称的放射状填充，该填充的方法与调整线性渐变填充方法类似，选择【工具】面板中的【渐变变形】工具，单击径向渐变填充图形，即可显示径向渐变填充的调节柄，如图 1-4-54 所示。具体操作方法如下：

① 将光标指向中心的控制柄时，拖动该控制柄，可以调整径向渐变填充的位置，如图 1-4-55 所示。

② 将光标指向圆周上的方形控制柄时，拖动该控制柄，可以调整径向渐变填充的宽度，如图 1-4-56 所示。

③ 将光标指向圆周上中间的环形控制柄时，拖动该控制柄，可以调整径向渐变填充的半径，如图 1-4-57 所示。

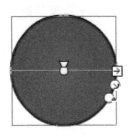

图 1-4-54　显示径向渐变的调整柄

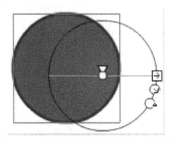

图 1-4-55　调整径向渐变填充的位置

图 1-4-56　调整径向渐变填充的宽度

图 1-4-57　调整径向渐变填充的半径

④ 将光标指向圆周上最下面的环形控制柄时，拖动该控制柄，可以调整径向渐变填充的方向，如图 1-4-58 所示。

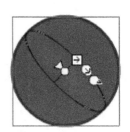

图 1-4-58　调整径向渐变填充的方向

图 1-4-59　选择"位图填充"选项

（3）位图填充

在 Flash CC 中，可以使用位图对图形进行填充。设置了图形的位图填充后，选择工具箱中的【渐变变形】工具，在图形的位图填充上单击，即可显示位图填充的调节柄。

打开【颜色】面板，在"类型"下拉列表框中选择"位图填充"选项，如图 1-4-59 所示。打开"导入到库"对话框，选中位图文件，单击【打开】按钮导入位图文件，如图 1-4-60 所示。

图 1-4-60　导入位图

　　此时在【工具】面板中选择【矩形】工具，在舞台中拖动即可绘制一个具有位图填充的矩形形状。拖动中心点，可以改变填充图形的位置，如图 1-4-61 所示。拖动边缘的各个控制柄，可以调整填充图形的大小、方向、倾斜角度等，如图 1-4-62 所示。

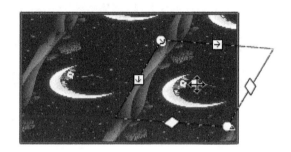

图 1-4-61　拖动中心点

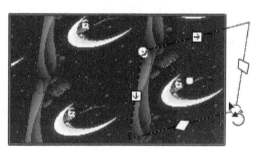

图 1-4-62　拖动边缘的各个控制柄

模块二

动画制作基础篇

项目一

绘 制 图 形

案例一　绘制树

32. 案例一
绘制树

二维码微课：扫一扫，学一学。扫一扫二维码，观看本案例微课视频。

案例说明：本案例通过绘制树，学会使用矩形工具、椭圆工具、钢笔工具、部分选取工具和选择工具。

光盘文件：源文件与素材\案例一\绘制树.fla。

案例制作步骤：

1. 新建 ActionScript 3.0 文档，设置舞台的大小为宽 550 像素、高 400 像素，舞台背景色为白色，命名为"绘制树.fla"。

2. 在元件"树"中绘制树。创建新元件，名称为"树"，类型为图形。

3. 绘制树冠。选择"椭圆工具"（无笔触颜色，填充色为草绿色#009900），绘制多个椭圆连在一起形成树冠，如图 2-1-1 所示。

图 2-1-1　树冠

4．绘制树冠上的树叶光点。选择"椭圆工具"（无笔触颜色，填充色为淡绿色#00FF00），在树冠上绘制多个椭圆连在一起形成树叶光点。选中树冠，将其转换成元件，如图 2-1-2 所示。

图 2-1-2　树叶光点

5．绘制树干。选择"矩形工具"（无笔触颜色，填充色值为#993300）绘制矩形，运用"钢笔工具"→"添加锚点工具"在矩形上增加节点，选择"部分选取工具"画出树枝、树根，运用"选择工具"把直线调整成曲线。树干绘制好后，选中树干，将其转换成元件，如图 2-1-3 所示。

6．复制多个树冠，选择"任意变形工具"调整树冠的大小和方向，单击"排列"，调整树冠前后的位置，最后将其组合到树干形成一棵完整的树，如图 2-1-4 所示。

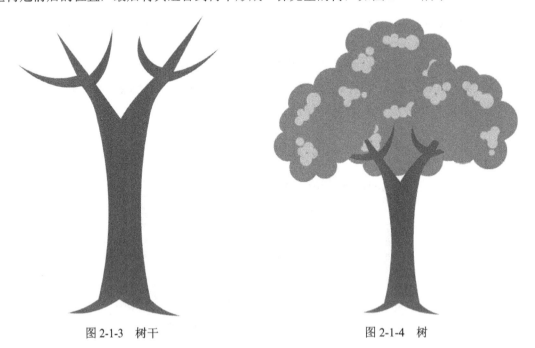

图 2-1-3　树干　　　　　　　　　　　　　　　图 2-1-4　树

7．回到场景中，绘制山坡。选择"椭圆工具"（无笔触颜色，填充色为淡绿色#00FF00），绘制三个椭圆连在一起形成山坡；选择"椭圆工具"（无笔触颜色，填充色为草绿色#009900）

用同样的方法在山坡上再绘制一层山坡，并运用"选择工具"把多余的地方框选后删除；最后将库中的树移入场景并复制几棵树，如图 2-1-5 所示。

图 2-1-5　最终效果

8．欣赏效果。按【Ctrl+Enter】组合键欣赏最终效果，并保存文件。

案例二　绘制向日葵

33. 案例二
绘制向日葵

二维码微课：扫一扫，学一学。扫一扫二维码，观看本案例微课视频。

案例说明：本案例通过绘制向日葵，学会使用椭圆工具、画笔工具、线条工具、多角星形工具、部分选取工具和选择工具。

光盘文件：源文件与素材\案例二\绘制向日葵.fla。

案例操作步骤：

1．新建 ActionScript 3.0 文档，设置舞台的大小为宽 550 像素、高 400 像素，舞台背景色为白色，命名为"绘制向日葵.fla"。

2．在元件中绘制出美丽的向日葵。创建新元件，名称为"绘制向日葵"，类型为图形。

3．绘制"花心"。选择"椭圆工具"（笔触颜色为黄色#FFFF00，笔触大小为 6，填充色为橘红色#FF6600）绘制一个正圆，选择"线条工具"（笔触颜色为黄色#FFFF00，笔触大小为 6）在正圆上画斜线格子，再用"画笔工具"（填充色为黄色#FFFF00）在格子中间点上小圆点，选中"花心"，将其转换成元件，如图 2-1-6 所示。

4．绘制"花瓣"。单击"多角星形工具"，选择"属性"→"工具设置"→"边数 3"绘制"三角形"（笔触颜色为黄色#FFFF00，笔触大小为 6，填充色为中黄色#FFCC00），使用"选择工具"调整"三角形"线条的弧度，并选择"任意变形工具"，将其调整为"花瓣"

的形状，选中"花瓣"，将其转换成元件，如图2-1-7所示。

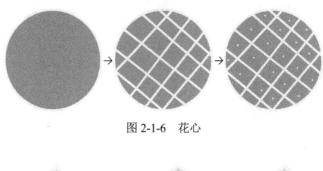

图 2-1-6　花心

图 2-1-7　花瓣

5．选中"花瓣"，再选择"任意变形工具"，将"花瓣"的中心点放到花心位置，打开"变形"面板，设置旋转角度为36°，单击"重制选区和变形"直到花瓣环绕"花心"一圈为止，如图2-1-8所示。

图 2-1-8　花

6．绘制"叶子"。选择"椭圆工具"（笔触颜色为草绿色#009900，笔触大小为10，填充色为淡绿色#00FF00）绘制出绿色的"叶子"，并用"线条工具"（颜色为草绿色#009900，笔触大小为10）绘制出叶脉，选中"叶子"，将其转换成元件，如图2-1-9所示。

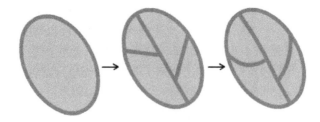

图 2-1-9　叶子

7．选择 "线条工具"（颜色为草绿色#009900）绘制绿色的 "花茎"，并用 "选择工具"调整花茎优美的曲线，复制一片 "叶子"，选择 "任意变形工具"将 "叶子"镜像，再将 "花""叶子""花茎"拼接好，如图 2-1-10 所示。

图 2-1-10　完整的花

8．将库中的向日葵拉入场景并复制多朵花，如图 2-1-11 所示。

图 2-1-11　花的整体效果

9．欣赏效果。按【Ctrl+Enter】组合键欣赏最终效果，并保存文件。

案例三　绘制稻田

34. 案例三
绘制稻田

二维码微课：扫一扫，学一学。扫一扫二维码，观看本案例微课视频。

　案例说明：本案例通过绘制稻田，让学生学会矩形工具、椭圆工具、线条工具、任意变形工具和选择工具结合运用的方法。

　光盘文件：源文件与素材\案例三\绘制稻田.fla。

案例操作步骤：

　1．新建 ActionScript 3.0 文档，设置舞台的大小为宽 550 像素、高 400 像素，舞台背景色为白色，命名为"稻田.fla"。

　2．在元件中绘制"稻穗"。创建新元件，名称为"稻穗"，类型图形。

　3．绘制"稻谷"。选择"椭圆工具"在舞台上绘制 3 个椭圆。第 1 个椭圆无笔触颜色，填充色为橘黄色#FF9900，运用"选择工具"将其修整成稻谷的形状；第 2 个椭圆无笔触颜色，填充色为中黄色#FFCC00，使用"选择工具"将其修整成稻谷的反光；绘制第 3 个椭圆，无笔触颜色，填充颜色为白色，为稻粒的高光，选中"稻谷"，将其转换成元件，如图 2-1-12 所示。

　4．绘制"叶子"。选择"多角星形工具"同时设置其边数为 3，绘制三角形（无笔触颜色，填充色为草绿色#009900），如图 2-1-13 所示。

图 2-1-12　稻谷

图 2-1-13　三角形

　5．修整"叶子"。选中"三角形"的一半（填充色为淡绿色#00FF00），选择"任意变形工具"将"叶子"拉长，如图 2-1-14 所示。

　6．运用"选择工具"调整"叶子"的造型。选中"叶子"，将其转换成元件，如图 2-1-15 所示。

　7．绘制"稻梗"。选择"线条工具"（颜色为深绿色#006600，笔触大小为 3）绘制稻梗并用"选择工具"调整"稻梗"的造型，如图 2-1-16 所示。

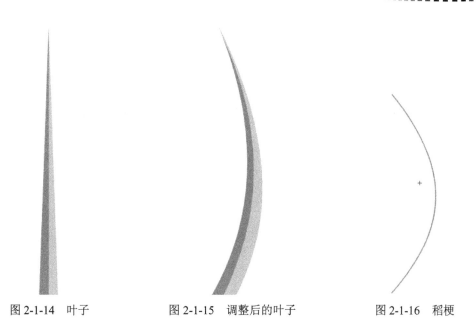

图 2-1-14　叶子　　　　图 2-1-15　调整后的叶子　　　　图 2-1-16　稻梗

8．绘制"稻穗"。复制一颗稻谷并选择"修改"→"变形"→"水平翻转"命令，将稻谷一对一对按顺序复制并摆在"稻梗"上，如图 2-1-17 所示。

9．将"稻叶"复制一片并选择"修改"→"变形"→"水平翻转"命令，将"稻穗"组合在一起，形成完整的"稻子"，如图 2-1-18 所示。

图 2-1-17　稻穗　　　　　　　　　　　图 2-1-18　稻子

10．在场景里复制多个稻子，成为稻田。按【Ctrl+Enter】组合键欣赏最终效果并保存文件，如图 2-1-19 所示。

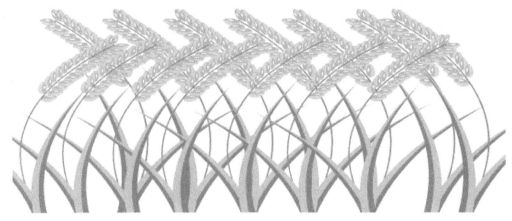

图 2-1-19　稻田

案例四　绘制货车

35. 案例四
绘制货车

二维码微课： 扫一扫，学一学。扫一扫二维码，观看本案例微课视频。

案例说明： 本案例通过绘制货车，让学生学会矩形工具、椭圆工具和选择工具结合运用的使用方法。

光盘文件： 源文件与素材\案例四\绘制货车.fla。

案例操作步骤：

1. 新建 ActionScript 3.0 文档，设置舞台的大小为宽 550 像素、高 400 像素，舞台背景色为白色，命名为"货车.fla"。

2. 绘制"车头"。选择"矩形工具"（笔触颜色为黑色，笔触大小为 1，填充色为草绿色#009900）绘制正方形，使用"选择工具"调整形状，如图 2-1-20 所示。

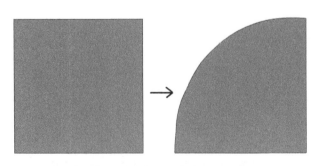

图 2-1-20　车头

3. 绘制"挡风玻璃"。选择"矩形工具"（笔触颜色为黑色，笔触大小为 1，填充色为天蓝色#00FFFF）绘制正方形并运用"选择工具"调整形状；再选择"椭圆工具"（无笔触颜色，填充色为白色）绘制两个白色光点，最后将挡风玻璃放于车头上，如图 2-1-21 所示。

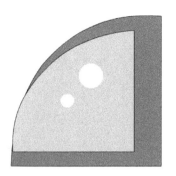

图 2-1-21 有挡风玻璃的车头

4．选择"矩形工具"，绘制 3 个"矩形"拼接在一起，分别是车身、车厢和车厢装饰；车身的笔触颜色为黑色，笔触大小为 1，填充色为草绿色#009900；车厢的笔触颜色为黑色，笔触大小为 1，填充色为草绿色#009900；车厢装饰的笔触颜色为黑色，笔触大小为 1，填充色为黄色#FFFF00，如图 2-1-22 所示。

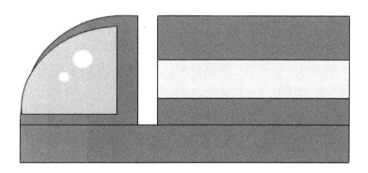

图 2-1-22 车身、车厢和车厢装饰

5．绘制轮胎和车灯，如图 2-1-23 所示。

图 2-1-23 绘制轮胎和车灯

绘制轮胎：选择"椭圆工具"绘制 2 个正圆，分别为大圆（笔触颜色为黑色，笔触大小为 1，填充色为黄色#FFFF00）和小圆（无笔触颜色，填充色为黑色），小圆在大圆的圆心处；轮胎绘制好后再复制 2 个，3 个轮胎分别放在车头下方和车厢下方。

绘制车灯：选择"椭圆工具"（笔触颜色为黑色，笔触大小为1，填充色为黄色#FFFF00）绘制正圆，车灯分别放在车头和车尾。

6．欣赏效果。按【Ctrl+Enter】组合键欣赏最终效果，并保存文件。

案例五　绘制帆船

36. 案例五
绘制帆船

二维码微课：扫一扫，学一学。扫一扫二维码，观看本案例微课视频。

案例说明：本案例通过绘制帆船，让学生学会矩形工具、选择工具、钢笔工具和线条工具结合运用的使用方法。

光盘文件：源文件与素材\案例五\绘制帆船.fla。

案例操作步骤：

1．新建 ActionScript 3.0 文档，设置舞台大小为宽 550 像素、高 400 像素，舞台背景色为天蓝色#00FFFF，命名为"帆船.fla"。

2．选择"矩形工具"，绘制 2 个矩形，上面的矩形笔触颜色为黑色，笔触大小为 2，填充色为橘黄色#FF9900；下面的矩形笔触颜色为黑色，笔触大小为 2，填充色为深红色#CC0000。两个矩形居中摆放，如图 2-1-24 所示。

3．运用"选择工具"，在舞台中修改 2 个矩形的边缘，直到绘出帆船的造型，如图 2-1-25 所示。

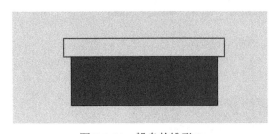

图 2-1-24　船身的雏形 1

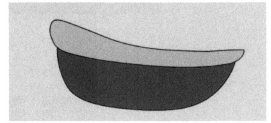

图 2-1-25　船身的雏形 2

4．绘制帆船高光，选择"矩形工具"（无笔触颜色，填充色为中黄色#FFCC00）绘制长方形，运用"选择工具"将其修成高光的形状，再选择"线条工具"（笔触颜色为黑色，笔触大小为2）在船上绘制两条线并运用"选择工具"修整造型，如图 2-1-26 所示。

5．绘制帆布。选择"矩形工具"（笔触颜色为黑色，笔触大小为 2，填充色为橘黄色#FF9900）绘制长方形，并用"选择工具"调整造型；选择"线条工具"（笔触颜色为黑色，笔触大小为2）在帆布上绘制帆绳，并用"选择工具"调整造型；选择"椭圆工具"（无笔触颜色，填充色为中黄色 FFCC00）在帆布上绘制 4 个装饰椭圆；如图 2-1-27 所示。

6．绘制杆子。选择"矩形工具"（笔触颜色为黑色，笔触大小为 2；填充色为深红色#CC0000）绘制细长的杆子，选择"线条工具"（笔触颜色为黑色，笔触大小为2）绘制帆绳，将帆和杆子连在一起，如图 2-1-28 所示。

图 2-1-26 绘制帆船高光

图 2-1-27 绘制帆布

图 2-1-28 绘制杆子

7. 绘制波浪。选择"直线工具"（颜色为黑色，笔触大小为 2）绘制几条直线。选择"钢笔工具"→"添加锚点工具"增加点，再运用"钢笔工具"→"转换锚点工具"把直线变成波浪，如图 2-1-29 所示。

图 2-1-29 绘制波浪

8. 欣赏效果。按【Ctrl+Enter】组合键欣赏最终效果，并保存文件。

案例六　绘制竹子

二维码微课：扫一扫，学一学。扫一扫二维码，观看本案例微课视频。

案例说明：本案例通过绘制竹子，学会使用多角星形工具、矩形工具、椭圆工具、画笔工具、任意变形工具、变形、部分选取工具和线条工具。

光盘文件：源文件与素材\案例六\绘制竹子.fla。

案例操作步骤：

1. 新建 ActionScript 3.0 文档，设置舞台的大小为宽 550 像素、高 400 像素，舞台背景色为白色，命名为"绘制竹子.fla"。

2. 在元件中绘制美丽的竹子。创建新元件，名称为"竹"，类型为图形。

3. 绘制"竹叶"。选择"多角星形工具"同时设置边数为 3，绘制三角形（无笔触颜色，填充色为草绿色#009900。

4. 运用"选择工具"和"部分选取工具"调整三角形，直到像竹叶的样子。在工具栏的"任意变形工具"中选中"竹叶"，将圆心放到上面，设置"变形"面板的旋转数值为30°并单击"重制选区和变形"按钮，复制叶子，4 片叶子为一组，如图 2-1-30 所示。

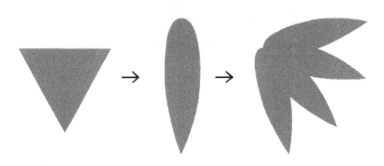

图 2-1-30　竹叶的制作过程

5. 将"叶子"复制 5 组，颜色由深到浅，面积由大到小进行组合（上面两组叶子无笔触颜色，填充色为草绿色#009900；中间两组叶子无笔触颜色，填充色为翠绿色#00CC00；下面一组叶子无笔触颜色，填充色为淡绿色#00FF00），将绘制好的"竹叶"转换为元件，如图 2-1-31 所示。

6. 绘制"树枝"。选择"矩形工具"（无笔触颜色，填充色为深绿色#006600）绘制一条细长的矩形，再用"部分选取工具"将其调整成细长的梯形，复制并拼接成树枝的形状，将绘制好的"树枝"转换为元件，如图 2-1-32 所示。

7. 绘制"竹节"。选择矩形工具绘制长方形（无笔触颜色，填充色用线性渐变由草绿色#009900 到淡绿色#00FF00）并运用"选择工具"将其调整成竹节的形状，再绘制一个较短的矩形（无笔触颜色，填充色深绿色#006600）并用"线条工具"在下边绘制一条黑色线条。两个图形拼接在一起，将绘制好的"竹节"转换为元件，如图 2-1-33 所示。

图 2-1-31　竹叶排列组合

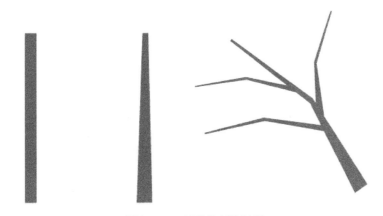

图 2-1-32　树枝的制作过程

8. 绘制"竹竿"。将"竹节"复制几个拼接在一起，将绘制好的"竹竿"转换为元件，如图 2-1-34 所示。

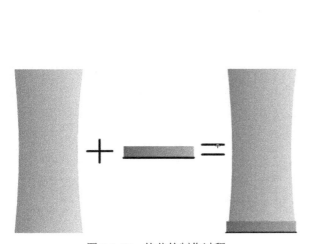

图 2-1-33　竹节的制作过程

图 2-1-34　竹竿

9. 复制两个"竹枝"放在"竹竿"左边，再复制一个"竹枝"放在"竹竿"的右边，并选择"修改"→"变形"→"水平翻转"镜像"竹枝"，复制多组"竹叶"摆放在"竹枝"

上。将"竹竿""竹枝""竹叶"拼接成一棵竹子，如图 2-1-35 所示。

图 2-1-35　一棵竹子

10．回到场景，将库中的"竹"移入舞台，并复制多棵竹子，使其成为竹林。为了增强竹林的虚实感，选中两棵竹子在其属性面板的"色彩效果"/"亮度"中调整亮度，如图 2-1-36 所示。

图 2-1-36　竹林

11．欣赏效果。按【Ctrl+Enter】组合键欣赏最终效果，并保存文件。

项目二

文 字 动 画

案例七　阴影效果字

38. 案例七
阴影效果字

二维码微课：扫一扫，学一学。扫一扫二维码，观看本案例微课视频。

案例说明：本案例制作一个具有阴影效果的"$a^2+b^2=c^2$"勾股定理，在文本工具的"属性"面板中设置文字上标效果，以及利用图层制作出阴影效果等知识点进行综合操作。

光盘文件：源文件与素材\案例七\阴影效果字.fla。

案例制作步骤：

1．新建一个影片文档，设置影片的尺寸为宽 400 像素、高 200 像素，背景色为白色，按组合键【Ctrl+S】保存，命名为"阴影效果字.fla"。

2．单击工具箱中的"文本工具"，在"属性"面板的下拉列表框中，选择"静态文本"选项；在字符"系列"下拉列表框中，设置字体为"Times New Roman"并设置样式；在字符"大小"框中输入 70 磅；单击字符颜色"文本（填充）颜色"按钮，弹出一个"颜色框"，将鼠标指针（此时为吸管状）移到蓝色色块（颜色值为#0000FF）处，然后松开鼠标，即可设定文字的颜色为蓝色，在默认图层 1 的舞台中输入"$a+b=c$"。

3．单击文本"属性"面板中的"字符"，选择"切换上标"，再在舞台中输入 3 个"2"字，即为"$a^2+b^2=c^2$"，此时，静态文本的"属性"面板及舞台效果如图 2-2-1 所示。

4．单击"插入图层"按钮，在"图层 1"上添加一个"图层 2"。拖动"图层 2"到"图层 1"下方，复制"图层 1"中的"$a^2+b^2=c^2$"到"图层 2"中。

5．单击"图层 2"中的文字部分，全选文本"$a^2+b^2=c^2$"，在其文本"属性"面板将"文本（填充）颜色"设置为"#CCCCCC"，并调整字体绘制出阴影效果，如图 2-2-2 所示。

6．按组合键【Ctrl+S】保存 Flash 文件。按组合键【Ctrl+Enter】即可在播放窗口中播放动画。

图 2-2-1　"属性"面板

图 2-2-2　阴影效果

案例八　点状字

39. 案例八
点状字

二维码微课：扫一扫，学一学。扫一扫二维码，观看本案例微课视频。

　　案例说明：本案例制作一个具有点状效果的文字，将学习运用"墨水瓶工具"为文字描边。

　　光盘文件：源文件与素材\案例八\点状字.fla。

　　案例制作步骤：

　　1．新建一个影片文档，设置影片的尺寸为宽 400 像素、高 200 像素，背景色为黑色，按组合键【Ctrl+S】保存并命名为"点状字.fla"。

　　2．单击工具箱中的"墨水瓶工具"，在其"属性"面板中设置"笔触颜色"为绿色（颜色值为#00FF00），在"笔触"框中将粗细设为 2.5 点，单击"笔触样式"，点距设为 1 点，在"笔触样式"下拉列表框中，设置样式为点状线，具体设置如图 2-2-3 所示。

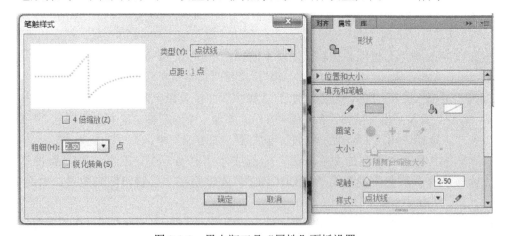

图 2-2-3　墨水瓶工具"属性"面板设置

　　3．单击工具箱中的"文本工具"，在"属性"面板的下拉列表框中，选择"静态文本"

选项；在字符"系列"下拉列表框中，设置字体为"华文楷体"；在字符"大小"框中输入90磅，在默认图层1的舞台中输入"点点滴滴"字样。

4．选中舞台中的字体，连续执行"修改"→"分离"命令两次，打散文字。

5．使用工具箱中的"墨水瓶工具"，单击打散文字的外框线，即完成对打散文字的描边。

6．使用"选择工具"单击文字中央部分，选中后按【Delete】键删除，舞台效果如图 2-2-4 所示。

图 2-2-4　"点点滴滴"点状字效果

7．按组合键【Ctrl+S】保存 Flash 文件。按组合键【Ctrl+Enter】即可在播放窗口中播放动画。

案例九　荧光文字

40. 案例九
荧光文字

二维码微课：扫一扫，学一学。扫一扫二维码，观看本案例微课视频。

案例说明：本案例制作一个具有荧光效果的文字，对文字"分离"和"柔化填充边缘"等知识点进行综合运用。

光盘文件：源文件与素材\案例九\荧光文字.fla。

案例制作步骤：

1．新建一个影片文档，设置影片的尺寸为宽 400 像素、高 200 像素，背景色为黑色，按组合键【Ctrl+S】保存并命名为"荧光文字.fla"。

2．单击工具箱中的"文本工具"，在"属性"面板的下拉列表框中，选择"静态文本"选项；在字符"系列"下拉列表框中，设置字体为"华文行楷"；在字符"大小"框中输入 90 磅；单击字符颜色"文本（填充）颜色"按钮，弹出"颜色框"，将鼠标指针（此时为吸管状）移到红色色块（颜色值为#FF0000）处，然后松开鼠标，即可设定文字的颜色为红色，在默认图层1的舞台中输入"生物科技"，此时，静态文本的"属性"面板及舞台效果如图 2-2-5 所示。

3．选中舞台中的字体，连续执行"修改"→"分

图 2-2-5　静态文本的"属性"面板

离"命令两次，打散文字，如果看出文字有连笔现象，使用"套索工具"选中多余部分，按【Delete】键删除选中的多余部分，再使用工具箱中的"橡皮擦工具"对文字进行修整。

4. 选定文字，执行"修改"→"形状"→"柔化填充边缘"命令，打开"柔化填充边缘"对话框，在该对话框中的"距离"文本框中输入5像素，"步骤数"文本框中输入5，方向选"扩展"，单击【确认】按钮完成设置。

5. 用"选择工具"单击文字中央部分，选中后按【Delete】键删除。

6. 在第2、3、4帧处按【F6】键，即插入关键帧，依次选定2、3、4帧的文字，将2、3、4帧的文字颜色值分别设为#0000FF、#FFFF00、#00FF00，如图2-2-6所示。

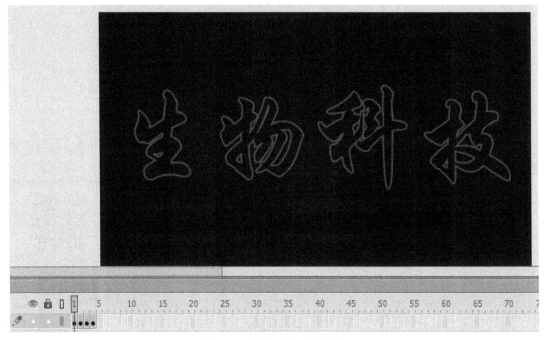

图2-2-6　荧光文字和关键帧

7. 按组合键【Ctrl+S】保存Flash文件。按组合键【Ctrl+Enter】即可在播放窗口中播放动画。

案例十　填充字

41. 案例十
填充字

二维码微课：扫一扫，学一学。扫一扫二维码，观看本案例微课视频。

案例说明：本案例制作出一个以足球为位图填充的字体，将学习"导入到库"、"颜色"面板和"位图填充"等知识点。

光盘文件：源文件与素材\案例十\填充字.fla，足球.jpg。

案例制作步骤：

1. 新建一个影片文档，设置影片的尺寸为宽400像素、高200像素，背景色为粉红色

（颜色值为#FF99FF），按组合键【Ctrl+S】保存并命名为"填充字.fla"。

2．单击工具箱中的"文本工具"，在"属性"面板的下拉列表框中，选择"静态文本"选项；在字符"系列"下拉列表框中，设置字体为"华文琥珀"；在字符"大小"框中输入160磅，其余按照默认值设定，在默认图层1的舞台中输入"足球"，并调整文字在舞台中的位置，按组合键【Ctrl+B】2次将其完全分离。舞台效果如图2-2-7所示。

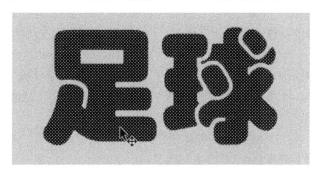

图2-2-7　舞台中的"足球"

3．执行"文件"→"导入"→"导入到库"命令，导入图片"足球.jpg"。

4．全选舞台中的文字"足球"。打开"颜色"面板，在填充类型下拉列表框中选择"位图填充"选项即可对舞台中已选中的"足球"文字进行填充，用"渐变变形工具"调节填充足球的大小，如图2-2-8所示。

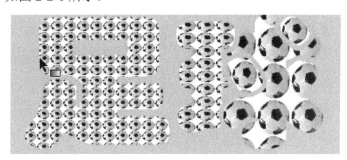

图2-2-8　"足球"填充文字

5．按组合键【Ctrl+S】保存Flash文件。按组合键【Ctrl+Enter】即可在播放窗口中播放动画。

案例十一　震撼字

42．案例十一
震撼字

二维码微课： 扫一扫，学一学。扫一扫二维码，观看本案例微课视频。

案例说明： 本案例制作一个极具视觉冲击效果的震撼字，将学习运用"缩放和旋转"和"变形"面板来设置对象的旋转和缩放。

光盘文件： 源文件与素材\案例十一\震撼字.fla。

案例制作步骤：

1. 新建一个影片文档，设置影片的尺寸为宽 550 像素、高 400 像素，背景色为黑色，按组合键【Ctrl+S】保存并命名为"震撼字.fla"。

2. 按组合键【Ctrl+F8】，打开"新建元件"对话框，设置名称为"危险"，类型为"图形"，单击【确定】按钮。

3. 单击工具箱中的"文本工具"，Flash CC 自动把文档"属性"面板切换到文本"属性"面板，在该面板中设置字型为"黑体"，字号为 90 磅，文本颜色值为#FF0000。

4. 在默认图层 1 中输入"危险！！！"。用"选择工具"选中"危险！！！"，执行"修改"→"变型"→"缩放和旋转"命令，打开"缩放和旋转"对话框，在该对话框中设置缩放为 100%，旋转为-45 度，单击【确定】按钮，其"缩放和旋转"对话框的设置如图 2-2-9 所示。

5. 返回场景 1，即主场景编辑界面。按组合键【Ctrl+L】打开"库"面板，把图形元件"危险"拖入场景 1 的舞台中。

6. 在第 1、4、6、7、8、9、10 帧处按【F6】键，即插入关键帧。

7. 按组合键【Ctrl+T】，打开"变形"面板，设置缩放比例，分别设置第 1 帧为 15%，第 4 帧为 150%；第 6、8、10 帧为 110%；第 7、9 帧为 140%。

8. 分别右击第 1、4 帧，在弹出的快捷菜单中执行"创建传统补间"命令。到此"震撼字.fla"制作完成，其时间轴的设置效果如图 2-2-10 所示。

图 2-2-9　"缩放和旋转"对话框

图 2-2-10　时间轴的设置效果

9. 按组合键【Ctrl+S】保存 Flash 文件。按组合键【Ctrl+Enter】即可观看影片最终效果。

案例十二　发光文字

43. 案例十二
发光文字

二维码微课：扫一扫，学一学。扫一扫二维码，观看本案例微课视频。

案例说明：本案例通过制作发光文字，让学生学会使用文字工具、滤镜和创建传统补间制作出发光效果。

光盘文件：源文件与素材\案例十二\发光文字.fla。

案例操作步骤：

1. 新建 ActionScript 3.0 文档，设置舞台的大小为宽 400 像素、高 200 像素，舞台背景色为黑色，帧频为 24 fps，命名为"发光文字.fla"。

2. 选择"文本工具"，在"属性"面板设定：静态文本、字体黑体、大小 80 磅、颜色为红色#FF0000、可读性消除锯齿。

3．选择"文本工具"，在舞台中输入"发光文字"四个字，如图 2-2-11 所示。

4．在时间轴的第 20 帧插入关键帧，如图 2-2-12 所示。

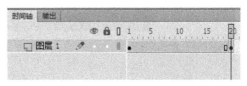

图 2-2-11　输入文字　　　　　　　　　　　　图 2-2-12　插入关键帧

5．选中图层 1 的第 20 帧，再选中舞台中的"发光文字"，打开"属性"面板，单击"添加滤镜"按钮，在弹出的列表中选择"发光"选项，如图 2-2-13 所示。

图 2-2-13　发光选项

6．设置"发光文字"的颜色与模糊值。将"滤镜"→"发光"→"颜色"设置为黄色#FFFF00"，将发光的模糊值都修改为"20"，如图 2-2-14 所示。

7．在第 1 帧到第 20 帧"创建传统补间"，如图 2-2-15 所示。

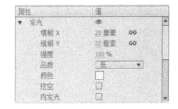

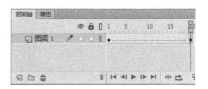

图 2-2-14　发光颜色和模糊值的设定　　　　　图 2-2-15　创建传统补间

8．欣赏效果。按【Ctrl+Enter】组合键欣赏最终效果，如图2-2-16所示。

图2-2-16　最终效果

案例十三　字体翻动

44. 案例十三
字体翻动

二维码微课：扫一扫，学一学。扫一扫二维码，观看本案例微课视频。

案例说明：本案例通过字体翻动，学会使用文本工具、时间轴、图层、插入关键帧、创建传统补间。

光盘文件：源文件与素材\案例十三\字体翻动.fla。

案例操作步骤：

1．新建ActionScript 3.0文档，设置舞台的大小为宽400像素、高200像素，舞台背景色为黑色，帧频为24fps，命名为"字体翻动.fla"。

2．选择"文本工具"，在"属性"面板设定：静态文本、字体黑体、大小80磅、颜色为红色#FF0000、可读性消除锯齿。

3．选择"文本工具"，在舞台中输入"字体翻动"四个字。运用"分离"命令将文本分离成单个字，如图2-2-17所示。

图2-2-17　输入文字

4．选择"修改"→"时间轴"→"分散到图层"，并将文字转换为元件，如图2-2-18所示。

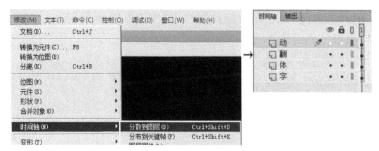

图2-2-18　分散到图层

5. 在图层"字"的第 20 帧插入关键帧，在第 1 帧到第 20 帧创建传统补间；在图层"体"的第 25 帧插入关键帧，然后在第 1 帧到第 25 帧创建传统补间；在图层"翻"的第 30 帧插入关键帧，然后在第 1 帧到第 30 帧创建传统补间；在图层"动"的第 35 帧插入关键帧，然后在第 1 帧到第 35 帧创建传统补间，如图 2-2-19 所示。

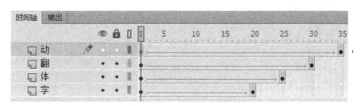

图 2-2-19　插入关键帧

6. 在图层"字"选中第 20 帧，再选中舞台上的"字"，使用工具栏中的"任意变形工具"镜像"字"并移到舞台右上角，调整字体透明度（属性→色彩效果→Alpha:0%），如图 2-2-20 所示。

7. 在图层"体"选中第 25 帧，再选中舞台上的"体"，使用工具栏中的"任意变形工具"镜像"体"并移到舞台右上角，调整字体透明度（属性→色彩效果→Alpha:0%），如图 2-2-21 所示。

图 2-2-20　镜像"字"和调整透明度

图 2-2-21　镜像"体"和调整透明度

8. 在图层"翻"选中第 30 帧，再选中舞台上的"翻"，使用工具栏中的"任意变形工具"镜像"翻"并移到舞台右上角，调整字体透明度（属性→色彩效果→Alpha:0%），如图 2-2-22 所示。

9. 在图层"动"选中第 35 帧，再选中舞台上的"动"，使用工具栏中的"任意变形工具"镜像字体并移到舞台右上角，调整字体透明度（属性→色彩效果→Alpha:0%），如图 2-2-23 所示。

图 2-2-22　镜像"翻"和调整透明度

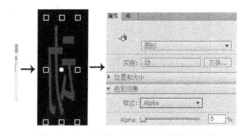

图 2-2-23　镜像"动"和调整透明度

10. 欣赏效果。按【Ctrl+Enter】组合键欣赏最终效果，并保存文件，如图 2-2-24 所示。

图 2-2-24 最终效果

案例十四 写字效果

45. 案例十四
写字效果

二维码微课：扫一扫，学一学。扫一扫二维码，观看本案例微课视频。

案例说明：本案例通过制作写字效果，让学生学会使用文字工具和橡皮擦工具结合逐帧动画的方法。

光盘文件：源文件与素材\案例十四\写字效果.fla。

案例操作步骤：

1. 新建 ActionScript 3.0 文档，设置舞台的大小为宽 550 像素、高 400 像素，舞台背景色为白色，帧频为 24fps，命名为"写字效果.fla"。

2. 选择"文本工具"，在"属性"面板设定：静态文本、字体楷体、大小 300 磅、颜色为黑色、可读性消除锯齿。

3. 选择"文本工具"，在舞台中输入"人"字，如图 2-2-25 所示。

图 2-2-25 输入文字

4. 使用鼠标选中"人"并右击，选择"分离"命令。

5. 使用"橡皮擦工具"一点点擦除文字。擦一笔舞台上的文字，图层 1 上就插入 1 个关键帧，按照同样的办法，以文字书写顺序倒着擦除，直到第 47 帧将整个文字清除，如图 2-2-26 所示。

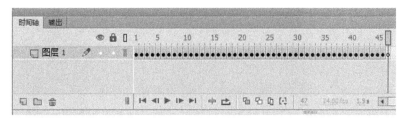

图 2-2-26　插入关键帧

6．调整文字的书写顺序。将全部帧选中并右击，选择"翻转帧"命令，如图 2-2-27 所示。

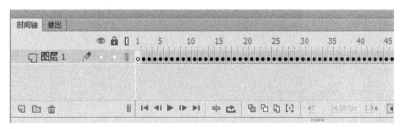

图 2-2-27　翻转帧

7．欣赏效果。按【Ctrl+Enter】组合键欣赏最终效果，并保存文件。

项目三

形状与动作补间动画

案例十五　字母变幻

二维码微课：扫一扫，学一学。扫一扫二维码，观看本案例微课视频。

46. 案例十五
字母变幻

案例说明：制作一个字母变幻的动画，要求字母从 A 变幻到字母 C，再从字母 C 变幻到字母 D，本案例将学习运用"文本的打散"和"创建补间形状"等知识点进行综合操作。

光盘文件：源文件与素材\案例十五\字母变幻.fla。

案例制作步骤：

1．新建一个影片文档，设置影片的尺寸为宽 550 像素、高 400 像素，背景色为白色，命名为"字母变幻.fla"。

2．使用"文本工具"分别在第 1、15、35 帧处插入关键帧，在第 1 帧处输入字母"A"（字体为 Algerian，字体大小为 95 磅，字体颜色值为#FF00CC，X：200，Y：150）；在第 15 帧处输入字母"C"（字体为 Algerian，大小为 95，字体颜色值为#9900FF，X：200，Y：150）；在第 35 帧处输入字母"D"（字体为 Algerian，字体大小为 95 磅，字体颜色值为#FF9900，X：200，Y：150）。

3．对字母"A"、"C"、"D"分别执行"修改"→"分离"命令，将它们打散。在第 21 帧处插入关键帧，在第 40 帧处插入帧。

4．分别选中第 1、21 帧并右击，选择"创建补间形状"命令，舞台效果如图 2-3-1 所示。

5．按组合键【Ctrl+S】保存 Flash 文件。按组合键【Ctrl+Enter】，在播放窗口中播放动画。

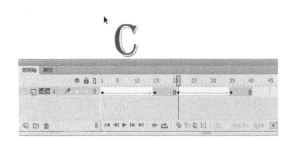

图 2-3-1　字母变幻舞台效果

案例十六　下雪

二维码微课：扫一扫，学一学。扫一扫二维码，观看本案例微课视频。

案例说明：本案例通过制作下雪的效果，让学生学会创建新元件、椭圆工具和创建补间形状结合运用的使用方法。

光盘文件：源文件与素材\案例十六\下雪.fla。

案例操作步骤：

1. 新建 ActionScript 3.0 文档，设置舞台的大小为宽 550 像素、高 400 像素，舞台背景色为黑色，帧频为 8fps，命名为"下雪.fla"。

2. 在元件中绘制雪花。创建新元件，名称为"雪花"，类型为图形。

3. 绘制"雪花"，选择"椭圆工具"（无笔触颜色，填充色为白色）绘制大小不一的雪花状，如图 2-3-2 所示。

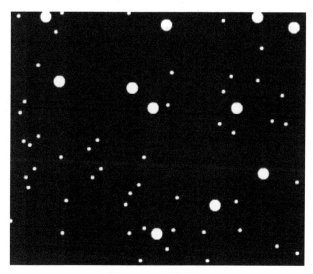

图 2-3-2　雪花效果

4. 整理"雪花"的时间轴。在图层 1 的第 40 帧插入关键帧，将第 40 帧的雪花往下移，在第 1 帧到第 40 帧创建补间形状，如图 2-3-3 所示。

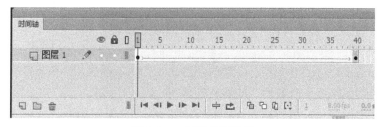

图 2-3-3　创建补间形状

5．回到场景，将"下雪背景"导入舞台，再将库中的"雪花"移入舞台，如图 2-3-4 所示。

图 2-3-4　下雪背景和雪花移入舞台

6．整理场景的时间轴。在时间轴的第 30 帧插入关键帧，如图 2-3-5 所示。

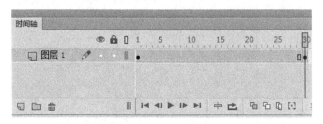

图 2-3-5　插入关键帧

7．欣赏效果。按【Ctrl+Enter】组合键欣赏最终效果，并保存文件。

案例十七　欢迎新同学

48. 案例十七
欢迎新同学

二维码微课：扫一扫，学一学。扫一扫二维码，观看本案例微课视频。

案例说明：本案例通过制作欢迎新同学的动画效果，让学生学会创建新元件、椭圆工具和创建补间形状结合运用的使用方法。

光盘文件：源文件与素材\案例十七\欢迎新同学.fla。

案例操作步骤：

1．新建 ActionScript 3.0 文档，设置舞台的大小为宽 550 像素、高 400 像素，舞台背景色为黑色，帧频为 24fps，命名为"欢迎新同学.fla"。

2．在元件中绘制花。创建新元件，名称为"花"，类型为图形。

3．绘制"花瓣"。选择"椭圆工具"（笔触颜色为白色，笔触大小为 1，填充色为红色 #FF0000）在舞台中绘制一个椭圆的花瓣状，如图 2-3-6 所示。

4．绘制多个"花瓣"。在工具栏中选择"任意变形工具"，将花瓣圆心设定在花瓣下方，选择"变形"→"旋转为30度"→"重制选区和变形"复制一圈花瓣，如图2-3-7所示。

图 2-3-6　花瓣　　　　　　　　　　　　　图 2-3-7　花瓣组合

5．绘制花心。选择"椭圆工具"（无笔触颜色，填充色为黄色#FFFF00）绘制一个正圆，将"花心"放在"花瓣"上，如图2-3-8所示。

图 2-3-8　绘制花心

6．回到场景，将库中的"花"移入舞台，并复制几个，执行"分离"命令，效果如图2-3-9所示。

图 2-3-9　花的组合

7. 在时间轴的第 30 帧插入空白关键帧，选择"文本工具"（静态文本、黑体、字体大小 80 磅、填充色为黄色#FFFF00）输入"欢迎新同学"，选中"欢迎新同学"使用"分离"命令两次，效果如图 2-3-10 所示。

图 2-3-10　输入文字

8. 整理场景的时间轴。在时间轴的第 30 帧插入关键帧，在第 1 帧到第 30 帧创建补间形状，如图 2-3-11 所示。

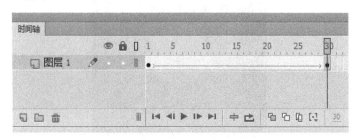

图 2-3-11　创建补间形状

9. 欣赏效果。按【Ctrl+Enter】组合键欣赏最终效果，并保存文件。

案例十八　红旗飘飘

49. 案例十八
红旗飘飘

二维码微课：扫一扫，学一学。扫一扫二维码，观看本案例微课视频。

案例说明：本案例通过制作红旗飘飘的效果，让学生学会矩形工具、新建图层和创建补间形状结合运用的方法。

光盘文件：源文件与素材\案例十八\红旗飘飘.fla。

案例操作步骤：

1. 新建 ActionScript 3.0 文档，设置舞台的大小为宽 550 像素、高 400 像素，舞台背景色为白色，帧频为 24fps，命名为"红旗飘飘.fla"。

2. 将图层命名为"旗杆"，绘制"旗杆"。选择"矩形工具"（笔触颜色为黑色，笔触大小为 1，填充色为线性渐变白色到黑色）绘制一根"旗杆"，如图 2-3-12 所示。

3．新建图层，命名为红旗，如图 2-3-13 所示。

图 2-3-12　绘制"旗杆"　　　　　　　　　　　图 2-3-13　新建图层

4．绘制"红旗"。选择"矩形工具"（无笔触颜色，填充色为红色#FF0000）绘制长方形，如图 2-3-14 所示。

5．运用"选择工具"调整旗子造型，如图 2-3-15 所示。

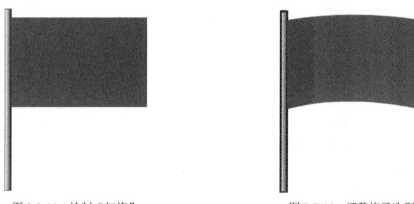

图 2-3-14　绘制"红旗"　　　　　　　　　　　图 2-3-15　调整旗子造型

6．在"红旗"和"旗杆"图层的第 20 帧插入关键帧，在"红旗"图层的第 1 帧到第 20 帧创建补间形状，如图 2-3-16 所示。

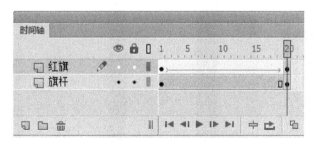

图 2-3-16　创建补间形状

7．欣赏效果。按【Ctrl+Enter】组合键欣赏最终效果，并保存文件。

案例十九　烛光

二维码微课：扫一扫，学一学。扫一扫二维码，观看本案例微课视频。

案例说明：本案例通过制作烛光，让学生学会椭圆工具、矩形工具、线条工具、创建补间形状结合运用的使用方法。

光盘文件：源文件与素材\案例十九\烛光.fla。

案例操作步骤：

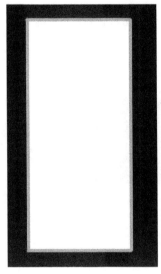

图 2-3-17　长方形

1．新建 ActionScript 3.0 文档，设置舞台的大小为宽 550 像素、高 400 像素，舞台背景色为黑色，帧频为 24fps，命名为"烛光.fla"。

2．将图层命名为蜡烛，绘制"蜡烛"。选择"矩形工具"（笔触颜色为灰色#999999，笔触大小为 3，填充色为白色）在舞台中绘制一个长方形，如图 2-3-17 所示。

3．绘制"蜡烛"。选择"椭圆工具"（笔触颜色为灰色#999999，笔触大小为 3，填充色为白色）在长方形的上下两边绘制椭圆。运用"选择工具"选中下面的弧线并删除，如图 2-3-18 所示。

4．绘制流出的蜡烛油。在蜡烛上方绘制多个椭圆（笔触颜色为灰色#999999，笔触大小为 3，填充色为白色）。运用"选择工具"将重合地方的弧线删除。设置"线条工具"的颜色为黑色，绘制灯芯，如图 2-3-19 所示。

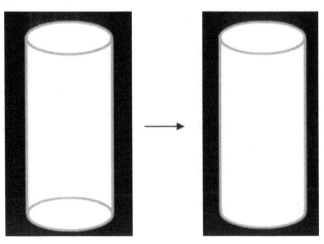

图 2-3-18　蜡烛

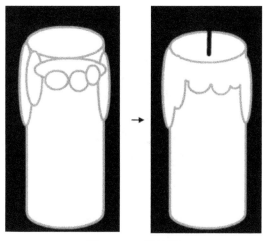

图 2-3-19　蜡烛油

5．新建图层命名为"火焰"，如图 2-3-20 所示。

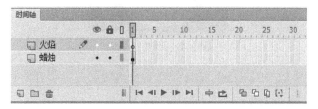

图 2-3-20　新建图层

6．在"火焰"图层的舞台上绘制一个椭圆（无笔触颜色，填充色为径向渐变黄色 #FFFF00 到红色#FF0000），选择"部分选取工具"修整火焰，效果如图 2-3-21 所示。

7．在"火焰"和"蜡烛"图层的第 20 帧插入关键帧，并在"火焰"图层第 1 帧到第 20 帧"创建补间形状"并移到"蜡烛"图层下方，如图 2-3-22 所示。

图 2-3-21　火焰

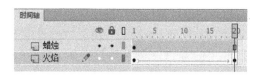

图 2-3-22　创建补间形状

8．在"火焰"图层的第 20 帧，使用"部分选取工具"调整舞台上的"火焰"造型（注意：调整到造型与第 1 帧不同），如图 2-3-23 所示。

图 2-3-23　最终效果

9．欣赏效果。按【Ctrl+Enter】组合键欣赏最终效果，并保存文件。

案例二十　翻开封面

51．案例二十
翻开封面

二维码微课：扫一扫，学一学。扫一扫二维码，观看本案例微课视频。

案例说明：制作一个翻开封面的动画，要求从封面开始，达到从右到左的翻页效果，本案例将学习运用"任意变形工具"等知识点进行综合操作。

光盘文件：源文件与素材\案例二十\翻开封面.fla。

案例制作步骤：

1．新建一个影片文档，设置影片的尺寸为宽 550 像素、高 400 像素，背景色为白色，按组合键【Ctrl+S】保存并命名为"翻开封面.fla"。

2．重命名"图层 1"为"目录页面"，利用"矩形工具"在其第一帧中绘制一个无边框矩形，其颜色值为#999999，并在第 40 帧处插入帧，使第 2～40 帧都为第一帧的普通帧，即复制了第一帧中的内容；利用"文本工具"在绘制出的"矩形"中输入"目录"二字，字体为隶书，大小为 20 磅，颜色值为#FFFF00，效果如图 2-3-24 所示。

3．在"目录页面"图层上添加一图层，命名为"封面"。

4．单击"目录页面"图层中的"矩形"对象，按组合键【Ctrl+C】复制该对象，单击"封面"图层的第一帧，按组合键【Ctrl+Shift+V】将对象粘贴到当前位置，效果如图 2-3-25 所示。

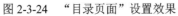

图 2-3-24　"目录页面"设置效果　　　　　图 2-3-25　"封面"设置效果

5. 修改"封面"图层中"矩形"对象的颜色值为#FF99FF，将其转化为元件（元件名为"书封面"，元件类型为"图形"）。输入文字"电脑爱好者"（字体为宋体，垂直，字体大小为 25 磅，字体颜色值为#0000FF），按住【Shift】键，同时选中这两个文件，执行"修改"→"组合"命令组合"文字"和"矩形"对象，使它们成为一个整体。使用"任意变形工具"单击组合对象，将其变形定位控制点（空心圆）水平移至左边框中心变形控制点处，如图 2-3-26 所示。

6. 在"封面"图层的第 10 帧处插入一个关键帧，用"任意变形工具"向上拖动组合对象右边框的变形控制点，对其进行竖直变形，使其微微向上倾斜，再向左拖动鼠标，对其进行等高缩放。调整后的效果如图 2-3-27 所示。

图 2-3-26　"组合对象"的变形定位控制点　　　图 2-3-27　"组合对象"调整效果 1

7. 在"封面"图层的第 20 帧处插入一个关键帧，操作如步骤 6，调整后的效果如图 2-3-28 所示。右击第 1、10 帧，执行"创建传统补间"命令，删除"封面"图层第 21～40 帧。

8. 添加一个图层，命名为"封面 2"，在"封面 2"图层的第 21 帧处插入一个关键帧，按组合键【Ctrl+L】打开"库"面板，将"书封面"元件拖动到舞台中，在图形"属性"面板中设置 Alpha 值为 60%，调整它的位置，使其和"目录页面"对象处于同一高度并两两相连。

9. 使用"任意变形工具"单击组合对象，将其变形定位控制点（空心圆）水平移至在右边框中心变形控制点处，效果如图 2-3-29 所示。

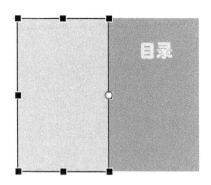

图 2-3-28　"组合对象"调整效果 2　　　　　图 2-3-29　"书封面"元件实例调整效果 1

10．在"封面 2"图层的第 30、40 帧处插入一个关键帧，即第 30、40 帧复制了图 2-3-29 所示的舞台效果。

11．单击第 21 帧，使用"任意变形工具"，向上拖动组合对象左边框的变形控制点，对其进行竖直变形，使其微微向上倾斜，再向右拖动鼠标，对其进行等高缩放。调整后的效果如图 2-3-30 所示。

12．单击第 30 帧，使用"任意变形工具"，操作方法同步骤 11。调整后的效果如图 2-3-31 所示。

图 2-3-30　"书封面"元件实例调整效果 2　　　　　图 2-3-31　"书封面"元件实例调整效果 3

13．右击第 21、30 帧，执行快捷菜单中的"创建传统补间"命令，"时间轴"面板的设置如图 2-3-32 所示。

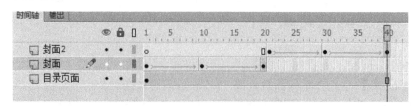

图 2-3-32　"时间轴"面板的设置

14．按组合键【Ctrl+S】保存 Flash 文件。按组合键【Ctrl+Enter】在播放窗口中播放动画。

案例二十一 水滴落地

52. 案例二十一 水滴落地

二维码微课：扫一扫，学一学。扫一扫二维码，观看本案例微课视频。

案例说明：本案例通过制作水滴落地的效果，让学生学会创建新元件、线条工具、椭圆工具和创建补间形状结合运用的使用方法。

光盘文件：源文件与素材\案例二十一\水滴落地.fla。

案例操作步骤：

1. 新建 ActionScript 3.0 文档，设置舞台的大小为宽 550 像素、高 400 像素，舞台背景色为黑色，帧频为 12fps，命名为"水滴落地.fla"。

2. 在图层 1 的第 1 帧处，选择"线条工具"在舞台最上方绘制 4 根线条，在"属性"面板设定：笔触大小为 4，线条颜色为白色，如图 2-3-33 所示。

3. 在图层 1 的第 20 帧插入关键帧，线条移到舞台中下面的位置，使用工具栏中的选择"任意变形工具"将线条拉长，如图 2-3-34 所示。

4. 在图层 1 的第 21 帧插入关键帧，在舞台上绘制 4 个圆环（笔触颜色为白色，笔触大小为 4，无填充），如图 2-3-35 所示。

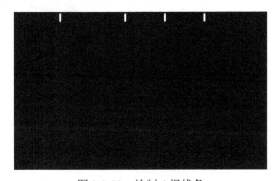

图 2-3-33 绘制 4 根线条

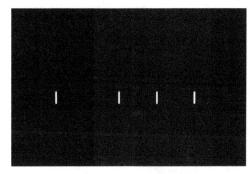

图 2-3-34 拉长线条

5. 在图层 1 的第 40 帧插入关键帧，使用工具栏中的"任意变形工具"将 4 个圆环拉长，如图 2-3-36 所示。

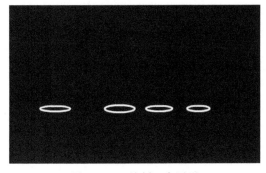

图 2-3-35 绘制 4 个圆环

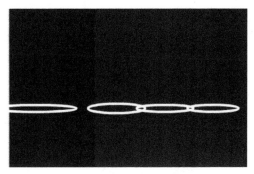

图 2-3-36 拉长 4 个圆环

6. 整理时间轴。在第 1 帧到第 20 帧创建补间形状，在第 21 帧到第 40 帧创建补间形状，在第 41 帧插入关键帧，如图 2-3-37 所示。

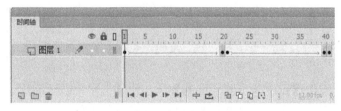

图 2-3-37　创建补间形状

7．选中图层 1 的第 41 帧，再选中 4 个圆环将其转换成元件，并调整透明度（属性面板→色彩效果→样式 Alpha:0%），如图 2-3-38 所示。

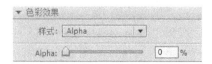

图 2-3-38　调整 Alpha 值

8．欣赏效果。按【Ctrl+Enter】组合键欣赏最终效果，并保存文件。

案例二十二　小球弹跳

53. 案例二十二
小球弹跳

二维码微课：扫一扫，学一学。扫一扫二维码，观看本案例微课视频。

案例说明：本案例通过制作小球弹跳的效果，让学生学会创建新元件、线条工具、椭圆工具和创建传统补间结合运用的方法。

光盘文件：源文件与素材\案例二十二\小球弹跳.fla。

案例操作步骤：

1．新建 ActionScript 3.0 文档，设置舞台的大小为宽 550 像素、高 400 像素，舞台背景色为白色，帧频为 24fps，命名为"小球弹跳.fla"。

2．在元件中绘制小球，并制作小球自转效果。创建新元件，名称为小球转动，类型为图形。

3．绘制小球。选择"椭圆工具"（无笔触颜色，填充色为黄色#FFFF00）绘制球体。选择"椭圆工具"（无笔触颜色，填充色为黑色）在球体上绘制眼睛。选择"线条工具"（颜色为红色#FF0000，笔触大小为 4）在球体上绘制嘴巴，并用"选择工具"调整嘴巴造型，如图 2-3-39 所示。

4．在图层 1 的第 10 帧插入关键帧，选中舞台上的小球，使用工具栏中的"任意变形工具"将小球顺时针旋转 100 度，如图 2-3-40 所示。

5．在图层 1 的第 1 帧到第 10 帧创建传统补间，如图 2-3-41 所示。

6．回到场景，将库中的"小球"移入舞台上方，如图 2-3-42 所示。

7．在图层 1 的第 10 帧插入关键帧，将舞台上的"小球"放于舞台下方，如图 2-3-43 所示。

图 2-3-39 绘制小球

图 2-3-40 旋转小球

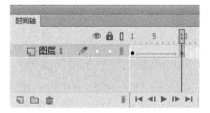

图 2-3-41 创建传统补间

图 2-3-42 将库中的"小球"移入舞台上方

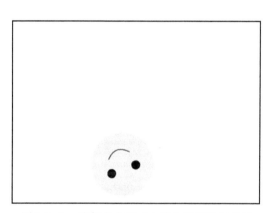

图 2-3-43 将舞台上的"小球"放于舞台下方

8．在图层 1 的第 20 帧插入关键帧，将"小球"放于舞台的上方，如图 2-3-44 所示。

9．在图层 1 的第 30 帧插入关键帧，将"小球"放于舞台的下方，如图 2-3-45 所示。

图 2-3-44 将"小球"放于舞台的上方

图 2-3-45 将"小球"放于舞台的下方

10．选中图层 1 的第 30 帧，再选中"小球"调整其透明度（属性→色彩效果→样式Alpha:0%），如图 2-3-46 所示。

11．整理时间轴。在第 1 帧到第 10 帧创建传统补间，在第 10 帧到第 20 帧创建传统补间，在第 20 帧到第 30 帧创建传统补间，如图 2-3-47 所示。

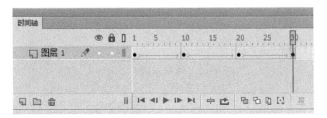

图 2-3-46　调整透明度　　　　　　图 2-3-47　整理时间轴

12．欣赏效果。按【Ctrl+Enter】组合键欣赏最终效果，并保存文件。

案例二十三　五星闪烁

54．案例二十三
五星闪烁

二维码微课：扫一扫，学一学。扫一扫二维码，观看本案例微课视频。

案例说明：本案例制作一个具有五星闪烁的颜色变幻效果的动画，将对实例"属性"面板的"色彩效果"的"样式"下拉列表框中的"高级"、"Alpha"选项等知识点进行综合运用。

光盘文件：源文件与素材\案例二十三\五星闪烁.fla。

案例制作步骤：

1．新建一个影片文档，设置舞台的大小为宽 550 像素、高 400 像素，舞台背景色为深蓝色（颜色值为#000099），命名为"五星闪烁.fla"。

2．按组合键【Ctrl+F8】，新建一个图形元件，命名为"五星"，如图 2-3-48 所示。

3．选择"工具"面板中的"多角星形工具"，再选择"属性"面板中"工具设置"的"选项"，在"样式"下拉列表中选择"星形"，具体参数的设置如图 2-3-49 所示。

图 2-3-48　"创建新元件"对话框　　　图 2-3-49　"工具设置"对话框

4．在"五星"图形元件中绘制一个无边框的红色五角星形，如图 2-3-50 所示。

5．按组合键【Ctrl+F8】新建一个图形元件，命名为"变色"。按组合键【Ctrl+L】打开"库"面板，将"五星"图形元件拖入"变色"图形元件中。

6．分别用鼠标右击第 5、10、15、20 帧，执行"插入关键帧"命令，然后右击第 1、

5、10 和 15 帧，执行"创建传统补间"命令，时间轴的图层 1 设置如图 2-3-51 所示。

图 2-3-50　"五星"图形元件　　　　图 2-3-51　"变色"图形元件的时间轴设置

　　7．单击第 5 帧，再单击舞台中的红色"五星"对象，打开其实例"属性"面板，在"色彩效果"的"样式"下拉列表中选择"高级"选项，设置图形属性，具体参数的设置如图 2-3-52 所示。

　　8．单击第 15 帧，操作方法同步骤 7，设置其图形属性，具体参数的设置如图 2-3-53 所示。

图 2-3-52　第 5 帧参数设置　　　　图 2-3-53　第 15 帧参数设置

　　9．单击第 10 帧，再单击舞台中的红色"五星"对象，打开其实例"属性"面板，在"色彩效果"的"样式"下拉列表框中选择"Alpha"选项，百分比设置为 0%，如图 2-3-54 所示。

　　10．按组合键【Ctrl+F8】新建一个图形元件，命名为"五星列"。在"五星列"元件中添加四个新图层。分别在各层第一帧中拖入图形元件"变色"（各实例竖排），然后分别单击各层第 20 帧，按【F5】键插入帧。

　　11．单击第二层第一帧，再单击舞台中的"变色"对象，打开其实例"属性"面板，在"循环"的"选项"下拉列表框中选择"循环"选项，在"第一帧"文本框中输入 9。"循环"参数的设置如图 2-3-55 所示。

　　以同样的方法处理图层 3、4、5，分别设置图层的第一帧为 7、5、3。

　　12．按组合键【Ctrl+F8】，新建一个影片剪辑元件，命名为"五星阵"。在"五星阵"元件中添加 4 个新图层。分别在各层第一帧中拖入"五星列"图形元件（各实例横排），设置图层 5 至图层 1 中的"循环"选项的"第一帧"为 1、3、5、7、9。再分别单击各层第

20 帧，按【F5】键插入帧。影片剪辑元件"五星阵"的设置如图 2-3-56 所示。

图 2-3-54　第 10 帧参数设置

图 2-3-55　"循环"参数设置

13．回到主场景，按组合键【Ctrl+L】打开"库"面板，拖入影片剪辑元件"五星阵"，"库"面板如图 2-3-57 所示。

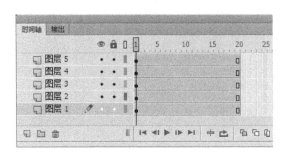

图 2-3-56　影片剪辑元件"五星阵"的设置

图 2-3-57　"库"面板

14．按组合键【Ctrl+S】保存 Flash 文件。按组合键【Ctrl+Enter】在播放窗口中播放动画。

案例二十四　烟水亭

55. 案例二十四
烟水亭

二维码微课： 扫一扫，学一学。扫一扫二维码，观看本案例微课视频。

案例说明： 制作出朦胧的水上江南效果，时紫时绿、时明时暗，犹如置身幻境中，本案例将学习运用"显示"中各种"混合"模式对舞台产生的不同效果等知识点进行综合操作。

光盘文件： 源文件与素材\案例二十四\烟水亭.fla，烟水亭.JPG。

案例制作步骤：

1．新建一个 Flash 影片文档，设置影片的尺寸为宽 500 像素、高 400 像素，其他保持默认设置，以"烟水亭.fla"名称保存。

2．重命名"图层 1"为"背景"。用"矩形工具"绘制矩形对象，笔触无颜色，在舞台中绘制一个与背景等大的矩形，完全覆盖背景。在第 10、20、30 帧处各插入关键帧。从第 1 帧开始，在各关键帧处依次填充纯色：#A0D28A、#A9C9E7、#ED9ABC、#AE8B04，并在关键帧与关键帧间设置动画类型为"创建传统补间"。

3．新建"图层 2"并将其重命名为"混合模式"，执行"文件"→"导入到舞台"命令，将本书图片素材：源文件与素材\案例二十四\烟水亭.JPG 导入舞台中，并将其转换为影片剪辑元件。在第 12、24、36 帧处各插入关键帧，并在各帧之间创建传统补间。打开"属性"面板，在"显示"中设置第 1 帧的"混合"模式为"一般"，以下依次是"滤色"、"减去"、"变暗"或"差值"。

4．新建"图层 3"并将其重命名为"梦境效果"，选择"矩形工具"，无笔触颜色。打开"颜色"面板，设置矩形的填充类型为"径向渐变"，左颜色指针为白色，Alpha 值为 0%，右颜色指针也为白色，Alpha 值为 100%，如图 2-3-58 所示。在舞台中绘制一个与背景等大的矩形，完全覆盖背景图片。

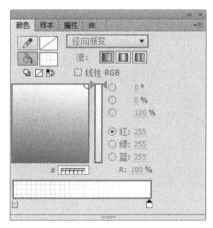

图 2-3-58　设置矩形的填充类型

5．在各层的第 45 帧处插入帧，"时间轴"面板如图 2-3-59 所示。

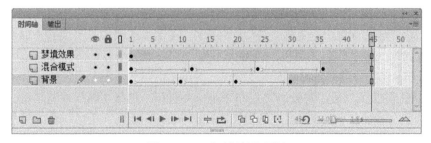

图 2-3-59　"时间轴"面板

6．按组合键【Ctrl+Enter】在播放窗口中播放动画。

56. 案例二十五 小鸡

案例二十五　小鸡

二维码微课：扫一扫，学一学。扫一扫二维码，观看本案例微课视频。

案例说明：本案例通过绘制小鸡，学会使用椭圆工具、矩形工具、线条工具和创建传统补间的方法。

光盘文件：源文件与素材\案例二十五\小鸡.fla。

案例操作步骤：

1. 新建 ActionScript 3.0 文档，设置舞台的大小为宽 550 像素、高 400 像素，舞台背景色为白色，帧频为 24fps，命名为"小鸡"。

2. 选择"椭圆工具"绘制一个小圆和一个大圆，小圆在大圆上方并居中对齐（笔触颜色为黑，笔触大小为 1，填充色为黄色#FFFF00），如图 2-3-60 所示。

3. 使用"选择工具"将两个圆重叠位置的弧线删除，绘制小鸡的身体轮廓，如图 2-3-61 所示。

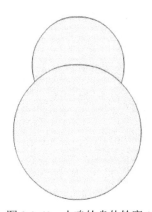

图 2-3-60　小鸡的身体轮廓 1

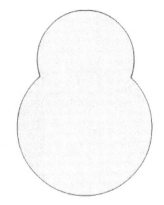

图 2-3-61　小鸡的身体轮廓 2

4. 选择"椭圆工具"（笔触颜色为黑色，填充色为黑色）在小鸡头部绘制小鸡的眼睛，如图 2-3-62 所示。

5. 绘制小鸡的嘴巴。用"矩形工具"绘制一个正方形（笔触颜色为黑色，笔触大小为 1，填充色为红色#FF0000），旋转 45 度成为菱形，使用"选择工具"调整菱形的弧度，使用"线条工具"（线条颜色为黑色，笔触大小为 1）在菱形中画一条横线，运用"选择工具"调整线条弧度，如图 2-3-63 所示。

6. 用"椭圆工具"给小鸡绘制鸡冠和翅膀，并且用"选择工具"修整造型。鸡冠（笔触颜色为黑色，笔触大小为 1，填充色为红色#FF0000）、翅膀（笔触颜色为黑色，笔触大小为 1，填充色为黄色#FFFF00）、腮红（笔触颜色为黑色，笔触大小为 1，填充色为红色#FF0000），如图 2-3-64 所示。

7. 使用"线条工具"（线条颜色为黑色，笔触大小为 2）绘制小鸡的腿部，再使用"线条工具"（线条颜色为红色#FF0000，笔触大小为 2）绘制小鸡的脚，如图 2-3-65 所示。

图 2-3-62 小鸡的眼睛   图 2-3-63 小鸡的嘴巴

图 2-3-64 鸡冠、翅膀和腮红

图 2-3-65 绘制小鸡的腿部和脚

8. 在图层 1 的第 20 帧插入关键帧，在第 20 帧运用"选择工具"和"任意变形工具"将小鸡调整为与第 1 帧不同的姿势，如图 2-3-66 所示。

图 2-3-66 调整姿势

9. 在图层 1 的第 1 帧到 20 帧创建传统补间,如图 2-3-67 所示。

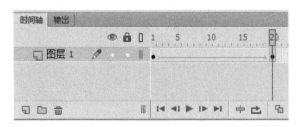

图 2-3-67　创建传统补间

10. 欣赏效果。按【Ctrl+Enter】组合键欣赏最终效果,并保存文件。

案例二十六　蝴蝶飞

57. 案例二十六
蝴蝶飞

二维码微课:扫一扫,学一学。扫一扫二维码,观看本案例微课视频。

案例说明:本案例通过制作蝴蝶飞的效果,让学生学会创建新元件、椭圆工具和创建传统补间结合运用的使用方法。

光盘文件:源文件与素材\案例二十六\蝴蝶飞.fla。

案例操作步骤:

1. 新建 ActionScript 3.0 文档,设置舞台的大小为宽 550 像素、高 400 像素,舞台背景色为白色,帧频为 24fps,命名为"蝴蝶飞.fla"。

2. 创建新元件,名称为"蝴蝶飞",类型为图形。

3. 绘制蝴蝶头和身体,将图层命名为"身体"。选择"椭圆工具"(笔触颜色为黑色,笔触大小为 1,填充色为黄色#FFFF00)绘制蝴蝶头;选择"椭圆工具"(无笔触颜色,填充色为黑色)绘制眼睛;选择"椭圆工具"(笔触颜色为黑色,笔触大小为 1,填充色为红色#FF0000)绘制触角上的红点;选择"椭圆工具"(笔触颜色为黑色,笔触大小为 1,填充色为黄色#FFFF00)绘制蝴蝶的身体;选择"线条工具"(颜色为黑色,笔触大小为 1)绘制蝴蝶触角和肚子上的花纹,再选择"线条工具"(颜色为红色#FF0000,笔触大小为 1)绘制蝴蝶的嘴巴,并用"选择工具"调整造型;选中蝴蝶头和身体将其转换成元件,如图 2-3-68 所示。

4. 绘制翅膀。新建图层并命名为"翅膀",选择"椭圆工具"绘制 4 个椭圆(无笔触颜色,填充色为红色#FF0000),再运用"选择工具"和"任意变形工具"修整翅膀的造型,选中翅膀,将其转换成元件,如图 2-3-69 所示。

5. 将身体和翅膀拼接在一起,如图 2-3-70 所示。

6. 调整蝴蝶翅膀。在"翅膀"图层的第 10 帧插入关键帧,选择"任意变形工具"将翅膀缩窄,在"翅膀"图层的第 1 帧到第 10 帧创建传统补间,如图 2-3-71 所示。

7. 整理时间轴。"翅膀"图层有 10 帧,因为身体和翅膀不能分开,所以在"身体"图层的第 10 帧插入关键帧,如图 2-3-72 所示。

图 2-3-68 蝴蝶头和身体

图 2-3-69 翅膀

图 2-3-70 将身体和翅膀拼接在一起

图 2-3-71 调整蝴蝶翅膀

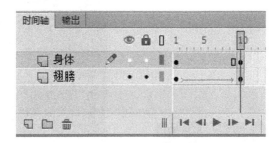

图 2-3-72 整理时间轴

8．设计动画效果。回到场景，将库中的"蝴蝶飞"移入舞台，在图层 1 的第 10 帧、第 20 帧和第 30 帧插入关键帧，每隔 10 帧换不同的位置，并创建传统补间，如图 2-3-73 所示。

9．欣赏效果。按【Ctrl+Enter】组合键欣赏最终效果，并保存文件。

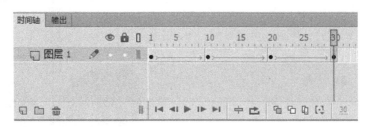

图 2-3-73　设计动画效果

案例二十七　烟花

58. 案例二十七
烟花

二维码微课：扫一扫，学一学。扫一扫二维码，观看本案例微课视频。

案例说明：本案例通过制作烟花效果，让学生学会创建新元件、创建图层、线条工具、任意变形工具、变形和创建传统补间结合运用的使用方法。

光盘文件：源文件与素材\案例二十七\烟花.fla。

案例操作步骤：

1．新建 ActionScript 3.0 文档，设置舞台的大小为宽 550 像素、高 400 像素，舞台背景色为黑色，帧频为 24fps，命名为"烟花.fla"。

2．创建新元件，名称为"烟花"，类型为图形。

3．选择"线条工具"绘制直线（颜色为七彩色，笔触大小为 2），如图 2-3-74 所示。

4．在工具栏中选择"任意变形工具"将"七彩直线"的中心点设定在"七彩直线"的最左边，选择"变形"→"旋转为 30 度"→"重制选区和变形"复制一圈七彩直线，如图 2-3-75 所示。

图 2-3-74　七彩直线

图 2-3-75　复制一圈七彩直线

5．调整"烟花"的时间轴。在图层 1 的第 10 帧插入关键帧，在第 20 帧插入关键帧，选中第 10 帧将舞台上的烟花运用"任意变形工具"拉大（注意：第 1 帧、第 10 帧、第 20 帧的烟花圆心在舞台同一个位置），如图 2-3-76 所示。

6．调整"烟花"的动画效果。调整第 1 帧和第 20 帧"烟花"的透明度（属性→色彩效果→样式 Alpha:0%），如图 2-3-77 所示。

图 2-3-76　调整"烟花"的时间轴

图 2-3-77　调整"烟花"透明度

7．回到场景，将库中的"烟花"移入舞台，并复制 3 个，4 个单个烟花放在舞台的不同位置，选中 4 个"烟花"并右击，选择"分散到图层"命令，将其分散到图层，如图 2-3-78 所示。

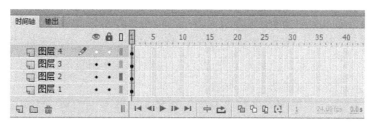

图 2-3-78　分散到图层

8．分别在 4 个图层的第 40 帧插入关键帧，如图 2-3-79 所示。

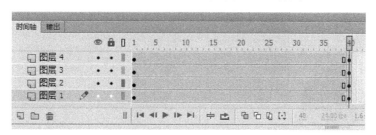

图 2-3-79　插入关键帧

9．制作烟花不同时间绽放的效果。将图层 4 的第 1 帧移到第 5 帧，图层 3 的第 1 帧移到第 10 帧，图层 2 的第 1 帧移到第 15 帧，图层 1 的第 1 帧移到第 20 帧，如图 2-3-80 所示。

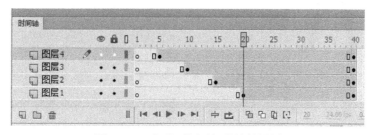

图 2-3-80　烟花不同时间绽放的设置

10．欣赏效果。按【Ctrl+Enter】组合键欣赏最终效果，并保存文件。

案例二十八　火柴人动画

二维码微课：扫一扫，学一学。扫一扫二维码，观看本案例微课视频。

案例说明：本案例通过制作火柴人动画，让学生学会椭圆工具、线条工具、部分选取工具、创建补间动画和创建补间形状结合运用的使用方法。

光盘文件：源文件与素材\案例二十八\火柴人动画.fla。

案例操作步骤：

图 2-3-81　火柴人的头部

1. 新建 ActionScript 3.0 文档，设置舞台的大小为宽 550 像素、高 400 像素，舞台背景色为白色，帧频为 24fps，命名为"火柴人动画.fla"。

2. 新建图层并命名为"火柴人"。选择"椭圆工具"（无笔触颜色，填充色为黑色）在舞台上绘制正圆，作为火柴人的头部，如图 2-3-81 所示。

3. 绘制火柴人的身体和四肢及泡泡棒。选择"线条工具"（笔触颜色为黑色，笔触大小为 10）绘制身体和四肢，选择"椭圆工具"（笔触颜色为黑色，笔触大小为 1，无填充色）绘制泡泡棒上的圆环。选择"线条工具"（笔触颜色为黑色，笔触大小为 1）画一根直线，绘制泡泡棒，如图 2-3-82 所示。

4. 在"火柴人"图层的第 5 帧插入关键帧，在第 1 帧到第 5 帧创建传统补间，如图 2-3-83 所示。

图 2-3-82　火柴人的身体和四肢及泡泡棒

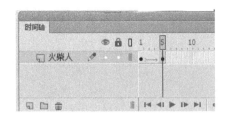

图 2-3-83　插入关键帧并创建传统补间

5. 选中"火柴人"图层的第 5 帧，运用"选择工具"和"部分选取工具"将舞台上的火柴人换一个动作，如图 2-3-84 所示。

6. 新建图层，命名为"吹泡泡"，如图 2-3-85 所示。

7. 在"吹泡泡"图层的第 1 帧选择"椭圆工具"（无笔触颜色，填充色为天蓝色#00FFFF）

绘制几个正圆作为泡泡，如图 2-3-86 所示。

图 2-3-84　绘制动作　　　　　　　　　　图 2-3-85　新建图层

8．在"吹泡泡"图层的第 5 帧插入关键帧，将椭圆摆放在与第 1 帧不一同的位置，如图 2-3-87 所示。

图 2-3-86　绘制泡泡　　　　　　　　　　图 2-3-87　摆放不同位置的泡泡

9．在"吹泡泡"图层的第 1 帧到第 5 帧创建补间形状，如图 2-3-88 所示。

图 2-3-88　创建补间形状

10．欣赏效果。按【Ctrl+Enter】组合键欣赏最终效果，并保存文件。

案例二十九　海底气泡

二维码微课：扫一扫，学一学。扫一扫二维码，观看本案例微课视频。

案例说明：本案例制作一个背景为深海，无数的气泡从海底冒出，逐渐变大破裂，并且随着气泡的上升可听见水泡破裂的声音，本案例将学习运用"声音的导入"等知识点进行综合操作。

光盘文件：源文件与素材\案例二十九\海底气泡.fla，水泡声.mp3。

案例制作步骤：

1．新建一个影片文档，设置影片的尺寸为宽 550 像素、高 400 像素，背景颜色设置为黑色，其他保持默认设置，以"海底气泡.fla"名称将其保存。

2．按组合键【Ctrl+F8】，弹出"创建新元件"对话框，创建一个名为"气泡"的影片剪辑元件。

3．在"气泡"元件的编辑区中，选择"椭圆工具"，设置"笔触"无颜色，打开"颜色"面板，"填充色"设置为"线性渐变"，如图 2-3-89 所示。自左向右颜色指针的颜色值为#44A1D0、#FFFFFF。

4．在舞台中绘制一个圆形，用"颜料桶"工具在小圆下方单击，进行填充，填充后的效果如图 2-3-90 所示。

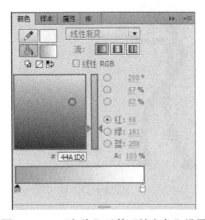

图 2-3-89　"气泡"元件"填充色"设置　　　　图 2-3-90　"气泡"元件效果

5．单击第 30 帧，插入关键帧，将"气泡"拖到编辑区的上方。回到第 1 帧，使用任意变形工具，将第 1 帧中的"气泡"尽量缩小。选中第 1 帧，右击，选择"创建补间形状"命令，创建补间形状。

6．选中时间轴上的所有帧后右击，执行"复制帧"命令，复制整个过程。

7．新建一个层，右击新建层的第 5 帧，执行"粘贴并覆盖帧"命令，完成第二个气泡的制作。

8．使用同样的方法绘制一串气泡上升的效果，其时间轴如图 2-3-91 所示。

9．再新建一层，导入音频素材到库：源文件与素材\案例二十九\水泡声.mp3 文件，把音频素材拖到图层 6，完成后时间轴上各层帧的情况如图 2-3-92 所示。

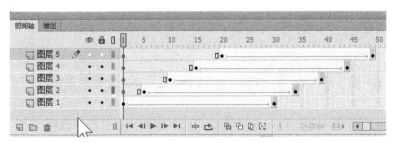

图 2-3-91 "气泡"元件时间轴

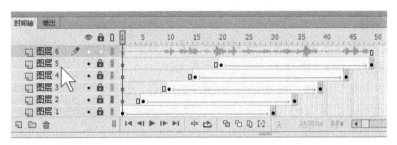

图 2-3-92 导入音频素材

10. 单击时间轴上的波形，打开声音"帧"属性面板，单击"声音"按钮，在"效果"中选择"淡入"，如图 2-3-93 所示。

11. 回到场景 1 中，选中"矩形工具"，打开"颜色"面板，"填充色"设置为"线性渐变"，具体参数的设置如图 2-3-94 所示，自左向右的颜色设置为蓝色和黑色相间，指针颜色值为#FFFFFF、#6A97FB。

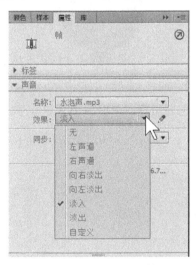

图 2-3-93 声音"帧"属性面板

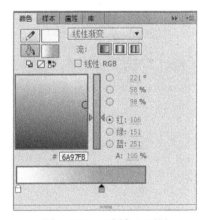

图 2-3-94 "颜色"面板

12. 绘制一个矩形，并顺时针旋转 90 度，其宽为 550 像素，高为 400 像素，X 为 0，Y 为 0。

13. 打开"库"面板，将数个影片剪辑元件"气泡"拖入舞台。按组合键【Ctrl+S】保存 Flash 文件。按组合键【Ctrl+Enter】即可在播放窗口中播放动画。

案例三十　儿童节快乐

二维码微课：扫一扫，学一学。扫一扫二维码，观看本案例微课视频。

案例说明：本案例通过制作儿童节快乐的动画效果，让学生学会椭圆工具、线条工具、创建传统补间和创建补间形状结合使用的方法。

光盘文件：源文件与素材\案例三十\儿童节快乐.fla。

案例操作步骤：

1. 新建 ActionScript 3.0 文档，设置舞台的大小为宽 550 像素、高 400 像素，舞台背景色为白色，帧频为 24fps，命名为"儿童节快乐.fla"。

2. 绘制"气球"。选择"椭圆工具"（无笔触颜色，填充色为红色#FF0000）在舞台中绘制一个大的椭圆，再绘制一个小的椭圆，运用"选择工具"选中小椭圆的一半将其切掉。半圆放于大椭圆下方，如图 2-3-95 所示。

3. 绘制"气球"高光。选择"椭圆工具"（无笔触颜色，填充色为白色）在"气球"上绘制一个椭圆和一个正圆，如图 2-3-96 所示。

图 2-3-95　气球轮廓

图 2-3-96　绘制一个椭圆和一个正圆

4. 绘制"气球"的绳子。选择"线条工具"（颜色为黑色，笔触大小为 1），在气球下绘制一条直线，如图 2-3-97 所示。

图 2-3-97　绘制"气球"的绳子

5．复制多个气球，将颜色填充成紫色#FF00FF、天蓝色#00FFFF、红色#FF0000、深蓝色#0000FF、黄色#FFFF00（颜色可以按喜好设置），如图2-3-98所示。

图2-3-98　不同颜色的气球

6．在图层1的第20帧插入关键帧，并将所有"气球"选中移到场景上方，在第1帧到第20帧创建传统补间。在第21帧插入关键帧，将第21帧舞台上的"气球"进行"分离"，如图2-3-99所示。

图2-3-99　调整帧

7．在图层1的第50帧插入空白关键帧，选择"文本工具"，输入"儿童节快乐"，在"属性"面板设定文本工具为静态文本，字符系列为微软雅黑，大小为80磅，颜色为绿色#00FF00、消除锯齿为可读性消除锯齿，如图2-3-100所示。

图2-3-100　字体设置

8．将"儿童节快乐"四个字进行两次"分离"，如图2-3-101所示。

儿童节快乐

图 2-3-101　分离文字

9. 在时间轴上，在第 21 帧到第 50 帧创建补间形状，在第 60 帧处插入帧，如图 2-3-102 所示。

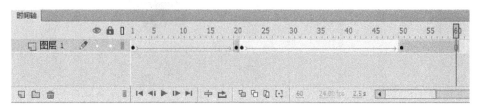

图 2-3-102　最终效果

10. 欣赏效果。按【Ctrl+Enter】组合键欣赏最终效果，并保存文件。

案例三十一　水波荡漾

62. 案例三十一
水波荡漾

二维码微课：扫一扫，学一学。扫一扫二维码，观看本案例微课视频。

案例说明：制作出光亮集中的水波，好像月光下的波光一样，本案例将学习运用 Flash "滤镜"等知识点进行综合操作。

光盘文件：源文件与素材\案例三十一\水波荡漾.fla。

案例制作步骤：

1. 新建一个 Flash 影片文档，保持默认的文档属性设置，以"水波荡漾.fla"名称保存。

2. 执行"插入"→"新建元件"命令，新建一个名称为"水波"的影片剪辑元件，单击【确定】按钮进入元件的编辑场景。

3. 选择"画笔工具"，在画笔工具的"颜色"面板中设置其填充色为"径向渐变"（自左向右两个颜色指针的颜色值为#E9E8FD、#0731D6）如图 2-3-103 所示；在画笔工具"属性"面板中设置其平滑度为 10，如图 2-3-104 所示。

4. 使用"画笔工具"在舞台上画出不规则的水波状图形，如图 2-3-105 所示。

5. 新建一个名称为"水波上"的影片剪辑元件。在这个元件的编辑场景中，将"水波"元件从"库"中拖放到舞台上。

6. 分别在第 20 帧、第 40 帧处插入关键帧，并设置"创建传统补间"。在第 20 帧处，将"水波"元件向右上方略加移动。制作完毕后"水波"将会从下向上再向下运动。

7. 新建一个名称为"水波下"的影片剪辑元件。在这个元件的编辑场景中，将"水波"元件从"库"中拖放到舞台上。

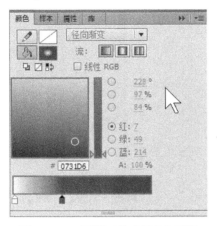

图 2-3-103　画笔工具"颜色"面板

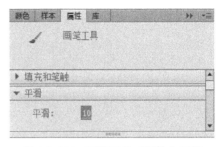

图 2-3-104　画笔工具"属性"面板

8．分别在第 20 帧、第 40 帧处插入关键帧，并设置"创建传统补间"。在第 20 帧处，将"水波"元件向左斜下方向略加移动。

9．新建一个名称为"重叠水波"的影片剪辑元件。在这个元件的编辑场景中，将"水波上"元件从"库"中拖放到舞台上。

10．插入一个新图层，在"图层 2"中放入"水波下"元件。调整实例位置，使"水波下"的位置比"水波上"略高，如图 2-3-106 所示。

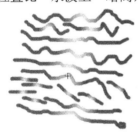

图 2-3-105　水波状图形

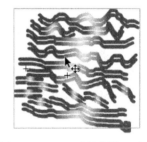

图 2-3-106　"重叠水波"元件

11．新建一个名称为"模糊"的影片剪辑元件。在这个元件的编辑场景中，将"重叠水波"元件从"库"中拖放到舞台上。打开"属性"面板，在"滤镜"中单击"+"号按钮，选择"模糊"选项。在默认状态下，X 轴与 Y 轴的模糊值是同步变化的。单击旁边的锁状按钮，解除其同步锁定。分别修改 X 与 Y 的模糊值（X 为 66 像素，Y 为 16 像素，品质为高），如图 2-3-107 所示。

12．返回到"场景 1"中，将"模糊"元件拖放到舞台上，将舞台背景设置为深蓝色，根据需要调整"模糊"元件的位置与大小。按组合键【Ctrl+Enter】即可测试影片。

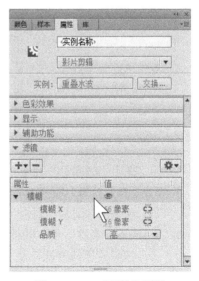

图 2-3-107　"属性"面板

逐 帧 动 画

案例三十二　老虎下山

二维码微课：扫一扫，学一学。扫一扫二维码，观看本案例微课视频。

案例说明：在动画的制作过程中，常常需要制作一些人物或动物的行为动画，本案例就使用帧动画来制作老虎下山的效果。

光盘文件：源文件与素材\案例三十二\老虎下山.fla。

案例制作步骤：

1．执行"修改"→"文档"命令，打开"文档设置"对话框，将"舞台大小"设置为650 像素×600 像素。设置完成后单击【确定】按钮。

2．执行"文件"→"导入"→"导入到库"命令，将源文件与素材\案例三十二\老虎下山中的"老虎"素材全部导入"库"面板中。

3．分别选中时间轴上的第 2 帧～第 4 帧，按【F6】键，插入关键帧。如图 2-4-1 所示。

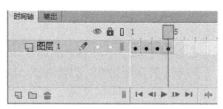

图 2-4-1　插入关键帧

4．选中"时间轴"面板上的第 1 帧，从"库"面板里把"老虎 1"素材拖入工作区中，并放置于合适位置，如图 2-4-2 所示。

5．选中"时间轴"面板上的第 2 帧，从"库"面板里把"老虎 2"素材拖入工作区中，并适当放置于素材 1 稍前的位置上，以形成奔跑的姿势。

6．按照同样的方法，从"库"面板中将其余的图片拖入对应的帧所在的舞台上。

7．新建"图层 2"，执行"文件"→"导入"→"导入到舞台"命令，将"背景"素材导入到舞台中。

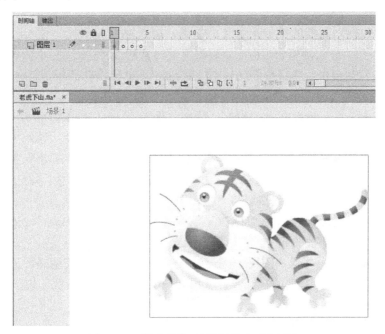

图 2-4-2　把"老虎 1"素材拖入工作区中

8．拖动图层。将"图层 2"拖动到"图层 1"的下方，并将老虎调整至合适大小及位置。

9．执行"修改"→"文档"命令，打开"文档设置"对话框，将"帧频"调整至合适数值，此步骤可反复测试。设置完成后单击【确定】按钮。

10．欣赏效果。保存文件，然后按【Ctrl+Enter】组合键欣赏最终效果。

案例三十三　小狐狸滑雪

64. 案例三十三
小狐狸滑雪

二维码微课：扫一扫，学一学。扫一扫二维码，观看本案例微课视频。

案例说明：本案例使用逐帧动画制作小狐狸滑雪的动画效果。在制作的时候使用椭圆工具绘制小狐狸脚下的影子，并且随着小狐狸动作的改变进行调整。

光盘文件：源文件与素材\案例三十三\小狐狸滑雪.fla。

案例制作步骤：

1．新建一个 Flash 文档，执行"修改→文档"命令，打开"文档设置"对话框，在对话框中将"舞台大小"设置为 650 像素×600 像素，将"帧频"设置为"12"fps，设置完成后单击"确定"按钮。

2．执行"文件"→"导入"→"导入到舞台"命令，将源文件与素材\案例三十三\小狐狸滑雪中的"狐狸 1"素材导入到舞台中，然后按【Ctrl+K】组合键打开"对齐"面板，勾选"与舞台对齐"选项，并单击"水平中齐"按钮与"垂直中齐"按钮。

3．选择文本工具，输入文字"I"，将字体设为"Arial Bold"、60 磅、蓝色，如图 2-4-3 所示。

4．在"时间轴"面板的第 6 帧按【F7】键，插入空白关键帧，导入图像。执行"文件"→"导入"→"导入到舞台"命令，将源文件与素材\案例三十三\小狐狸滑雪中的"狐狸 2"素材导入到舞台中，然后按【Ctrl+K】组合键打开"对齐"面板，勾选"与舞台对齐"选项，并选中"水平中齐"单选按钮与"垂直中齐"单选按钮。

5．选择文本工具，输入文字"AM"，将字体设为"Arial Bold"、60 磅、绿色。

6．在"时间轴"面板的第 11 帧按【F7】键，插入空白关键帧，导入图像。执行"文件"→"导入"→"导入到舞台"命令，将源文件与素材\案例三十三\小狐狸滑雪中的"狐狸 3"素材导入到舞台中，然后按【Ctrl+K】组合键打开"对齐"面板，勾选"与舞台对齐"选项，并选中"水平中齐"单选按钮与"垂直中齐"单选按钮。

7．选择文本工具，输入文字"HAPPY"，将字体设为"Arial Bold"、60 磅、橙色。

8．在"时间轴"面板的第 16 帧按【F5】键，插入帧。

9．新建"图层 2"，并将"图层 2"拖到"图层 1"的下方。使用椭圆工具在工作区中绘制一个无边框、填充为灰色的椭圆，并使用选择工具适当调整形状，如图 2-4-4 所示。

图 2-4-3　文本的属性设置　　　　图 2-4-4　绘制一个无边框、填充为灰色的椭圆

10．在"图层 2"的第 6 帧按【F6】键，插入关键帧，使用选择工具调整椭圆的形状。

11．在"图层 2"的第 11 帧按【F6】键，插入关键帧，使用选择工具调整椭圆。

12．保存文件，按【Ctrl+Enter】组合键欣赏本案例的完成效果。

案例三十四　星星眨眼

65. 案例三十四
星星眨眼

二维码微课：扫一扫，学一学。扫一扫二维码，观看本案例微课视频。

案例说明：在动画的制作过程中，常常需要制作一些脸部表情动作，如眨眼、说话等。本案例使用帧动画来制作一颗星星眨眼的效果。

光盘文件：源文件与素材\案例三十四\星星眨眼.fla。

案例制作步骤：

1．新建一个 Flash 文档，执行"修改"→"文档"命令，打开"文档设置"对话框，在对话框中将"舞台大小"设置为 500 像素×400 像素，将"帧频"设置为"12"fps，设置完成后单击【确定】按钮。

2．执行"文件"→"导入"→"导入到舞台"命令，将源文件与素材\案例三十四\星星眨眼中的"背景"素材导入到舞台中。

3．新建"图层 2"，将源文件与素材\案例三十四\星星眨眼中的"星星"素材导入到舞台中。

4．新建"图层 3"，执行"文件"→"导入"→"导入到舞台"命令，将源文件与素材\案例三十四\星星眨眼中的"眼睛 1"素材导入到舞台中并调整至合适位置，如图 2-4-5 所示。

图 2-4-5　导入素材

5．分别在"图层 1"、"图层 2"与"图层 3"的第 8 帧按【F5】键，插入帧，然后新建"图层 4"。

6．在"图层 3"的第 4 帧按【F7】键，插入空白关键帧，然后在"图层 4"的第 4 帧按【F6】键，插入关键帧。执行"文件"→"导入"→"导入到舞台"命令，将源文件与素材\案例三十四\星星眨眼中的"眼睛 2"素材导入到舞台中并调整至合适位置，如图 2-4-6 所示。

7．新建"图层 5"，执行"文件"→"导入"→"导入到舞台"命令，将源文件与素材\案例三十四\星星眨眼中的"嘴 1"素材导入到舞台中并调整至合适位置，如图 2-4-7 所示。

图 2-4-6　导入素材

图 2-4-7　导入素材

8．在"图层5"的第4帧按【F6】键，插入关键帧，执行"文件"→"导入"→"导入到舞台"命令，将源文件与素材\案例三十四\星星眨眼中的"嘴2"素材导入到舞台中并调整至合适位置，并将此帧上之前的素材删除。

9．保存文件，按【Ctrl+Enter】组合键欣赏本案例的完成效果。

案例三十五　破壳而出

二维码微课：扫一扫，学一学。扫一扫二维码，观看本案例微课视频。

案例说明：本案例制作一只小鸡破壳的动画。首先通过导入功能为动画添加背景，然后插入关键帧，实现逐帧动画效果。

光盘文件：源文件与素材\案例三十五\破壳而出.fla。

案例制作步骤：

1．新建一个 Flash 文档，执行"修改"→"文档"命令，打开"文档设置"对话框，在对话框中将"舞台大小"设置为 680 像素×480 像素，将"帧频"设置为"12"fps，完成后单击【确定】按钮。

2．执行"文件"→"导入"→"导入到舞台"命令，将源文件与素材\案例三十五\破壳而出中的"鸡蛋"素材导入到舞台中。

3．新建"图层 2"，分别在时间轴上的第 5、10、15、20 帧按【F6】键插入关键帧，在"图层 1"与"图层 2"的第 20 帧按【F6】键插入帧，如图 2-4-8 所示。

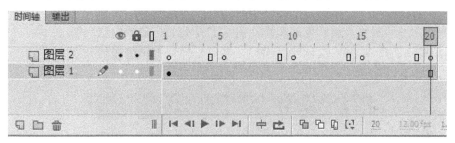

图 2-4-8　插入帧

4．保持图层 2 时间轴上第 1 帧的选中状态，执行"文件"→"导入"→"导入到舞台"命令，将背景"鸡蛋"素材导入到舞台中。

5．保持图层 2 时间轴上第 5 帧的选中状态，执行"文件"→"导入"→"导入到舞台"命令，将源文件与素材\案例三十五\破壳而出中的"小鸡 1"素材导入到舞台中。

6．保持图层 2 的时间轴上第 10 帧的选中状态，执行"文件"→"导入"→"导入到舞台"命令，将源文件与素材\案例三十五\破壳而出中的"小鸡 2"素材导入到舞台中。

7．保持图层 2 的时间轴上第 15 帧的选中状态，执行"文件"→"导入"→"导入到舞台"命令，将源文件与素材\案例三十五\破壳而出中的"小鸡 3"素材导入到舞台中。

8．保存文件，然后按【Ctrl+Enter】组合键测试影片。

67. 案例三十六
喜迎新春

案例三十六　喜迎新春

二维码微课：扫一扫，学一学。扫一扫二维码，观看本案例微课视频。

案例说明：制作爆竹燃放时的动画，燃放时火光四溅并伴有声响。本案例将学习"逐帧动画"等知识点。

光盘文件：源文件与素材\案例三十六\喜迎新春.fla。

案例制作步骤：

1．新建一个 Flash 影片文档，设置影片的尺寸为宽 550 像素、高 400 像素，背景颜色设置为白色，其他保持默认设置，以"喜迎新春.fla"名称保存。

2．用"矩形工具"按【Shift】键在舞台中绘制一个无边框、填充色为红色的正方形，并旋转 45°；运用"文本工具"在舞台中输入一个黄色"福"（大小 60、隶书）字，并旋转 180°，如图 2-4-9 所示。

3．用"矩形工具"，设置无边框、填充色为红色（#FF0000）到黑色（#000000）的线性渐变。在舞台工作区中绘制一个长条矩形，再用"任意变形工具"进行调整，然后复制多份，将它们排列成一串爆竹状。第2、3、4、5、6、7、8 帧依次创建关键帧，各关键帧爆竹串的爆竹依次减少，如图 2-4-10 所示。

图 2-4-9　爆竹

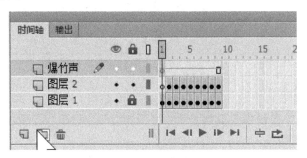

图 2-4-10　喜迎新春图层

4．添加一个图层，在第 2、3、4、5、6、7、8 帧创建关键帧，分别绘制几个黄色多角形图形。

5．新添加一个图层，命名为"爆竹声"。执行"文件"→"导入库"命令，导入本书音频素材：源文件与素材\案例三十六\素材\爆竹.mp3。单击图层"爆竹声"的第 1 帧，为该帧加入爆竹声音。

6．按【Ctrl+Enter】组合键在播放窗口中播放动画。

案例三十七 绽放的花朵

二维码微课：扫一扫，学一学。扫一扫二维码，观看本案例微课视频。

案例说明：本案例通过逐帧动画的方式制作花朵从枝叶生长到花朵绽放的效果。

光盘文件：源文件与素材\案例三十七\绽放的花朵.fla。

案例制作步骤：

1．新建一个 Flash 文档，执行"修改"→"文档"命令，打开"文档设置"对话框，在对话框中将"舞台大小"设置为 400 像素×800 像素，将"帧频"设置为"2"fps，设置完成后单击【确定】按钮。

2．执行"文件"→"导入"→"导入到舞台"命令，将源文件与素材\案例三十七\绽放的花朵中的"花盆背景"素材导入到舞台中。

3．在"图层 1"的第 22 帧按【F5】键，插入帧。

4．执行"文件"→"导入"→"导入到库"命令，将源文件与素材\案例三十七\绽放的花朵中的"花朵 1-22"素材导入到库中。

5．新建"图层 2"，选中"图层 2"的第 1 帧，并把库中的"花朵 1"素材导入到舞台中并调整至合适位置，如图 2-4-11（a）所示。

6．在"图层 2"的第 2 帧按【F6】键，插入关键帧，并把库中的"花朵 2"素材导入到舞台中并调整至合适位置。

7．在"图层 2"的第 3～22 帧分别按【F6】键，插入关键帧，并把库中的"花朵 3-22"素材导入到舞台中并调整至合适位置，如图 2-4-11（b）所示。

（a）

（b）

图 2-4-11 将素材拖入舞台中并调整位置

8．保存文件，然后按【Ctrl+Enter】组合键测试影片。

案例三十八　烟火

二维码微课：扫一扫，学一学。扫一扫二维码，观看本案例微课视频。

案例说明：帧动画技术利用人的视觉暂留原理，快速地播放连续的、具有细微差别的图像，使原来静止的图像运动起来。本案例通过导入图像来制作烟火的效果。

光盘文件：源文件与素材\案例三十八\烟火.fla。

案例制作步骤：

1．新建一个 Flash 文档，执行"修改"→"文档"命令，打开"文档设置"对话框，在对话框中将"舞台大小"设置为 800 像素×500 像素，将"舞台颜色"设置为黑色，将"帧频"设置为"24"fps，完成后单击【确定】按钮。

2．执行"文件"→"导入"→"导入到库"命令，将源文件与素材\案例三十八\烟火中的"烟火 1-38"素材导入到库中。

3．选中"图层 1"上的第 1 帧，并把库中的"烟火 1"素材导入到舞台中并调整至合适位置，如图 2-4-12 所示。

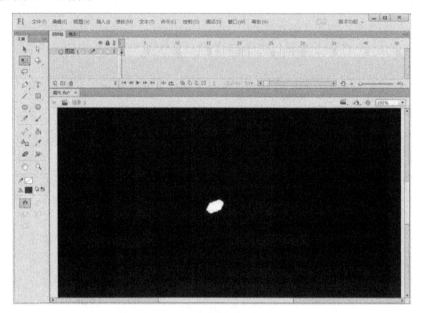

图 2-4-12　将素材拖入舞台中

4．在"图层 1"上的第 2 帧上按【F6】键，插入关键帧，并把库中的"烟火 2"素材导入到舞台中并调整至合适位置，如图 2-4-13 所示。

5．在"图层 1"上的第 3 帧上按【F6】键，插入关键帧，并把库中的"烟火 3"素材导入到舞台中并调整至合适位置。

6．在"图层 1"上的第 4～38 帧上分别按【F6】键，插入关键帧，并把库中的"烟火 4-38"素材导入到舞台中并调整至合适位置。

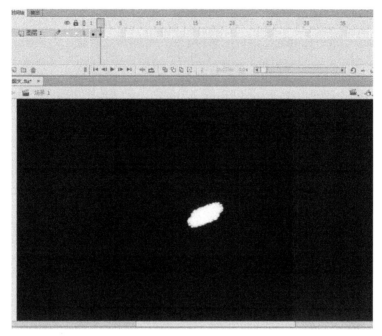

图 2-4-13　将素材拖入舞台中

7．保存文件，然后按【Ctrl+Enter】组合键测试影片效果即可。

案例三十九　倒计时

70.案例三十九
倒计时

二维码微课：扫一扫，学一学。扫一扫二维码，观看本案例微课视频。

案例说明：本案例通过添加关键帧，制作倒计时动画效果。

光盘文件：源文件与素材\案例三十九\倒计时.fla。

案例制作步骤：

1．执行"修改菜单"→"文档"命令，打开"文档设置"对话框，将"舞台大小"设置为 680 像素×480 像素，将"舞台颜色"设置为白色，将"帧频"设置为"12"fps，完成后单击【确定】按钮。

2．执行"文件"→"导入"→"导入到舞台"命令，将"源文件与素材\案例三十九\倒计时"中的"草地"素材导入到舞台上，并调整放置于合适位置。

3．新建"图层 2"，分别在时间轴的第 5、10、15 帧按下【F6】键，在"图层 1"与"图层 2"的第 20 帧按下【F5】键插入帧，如图 2-4-14 所示。

图 2-4-14　插入帧

4. 选择"图层 2"的第 1 帧，单击文本工具，在舞台中输入文字"3"，在属性面板中设置字体为"Times New Roman"，大小为 100 磅、字体颜色为蓝色，如图 2-4-15 所示。

图 2-4-15　设置文本格式

5. 选中"图层 2"的第 1 帧，执行"文件"→"导入"→"导入到舞台"命令，将"源文件与素材\案例三十九\倒计时"中的"大象"素材导入到舞台上，并调整放置于合适位置，如图 2-4-16 所示。

图 2-4-16　导入"大象"素材

6. 选择"图层 2"的第 5 帧，单击文本工具，在舞台中输入文字"2"，在属性面板中设置字体为"Times New Roman"，大小为 100 磅、字体颜色为蓝色。

7. 选中"图层 2"的第 5 帧，执行"文件"→"导入"→"导入到舞台"命令，将"源文件与素材\案例三十九\倒计时"中的"老虎"素材导入到舞台上，并调整放置于合适位置。

8. 选择"图层 2"的第 10 帧，按照之前的方法，输入文字，导入"长颈鹿"素材。

9. 选择"图层 2"的第 15 帧，单击文本工具，在舞台中输入文字"开始"，在其属性面板中设置字体为"Times New Roman"、大小为 100 磅、字体颜色为蓝色。并按照之前的方法将"螃蟹"素材导入到舞台中，如图 2-4-17 所示。

图 2-4-17　导入"螃蟹"素材

10．保存文件并按【Ctrl+Enter】组合键，欣赏最终效果。

案例四十　跷跷板

71. 案例四十
跷跷板

二维码微课：扫一扫，学一学。扫一扫二维码，观看本案例微课视频。

案例说明：本案例通过添加关键帧，并旋转调整跷跷板的角度，制作跷跷板动画效果。

光盘文件：源文件与素材\案例四十\跷跷板.fla。

案例制作步骤：

1．执行"修改"→"文档"命令，打开"文档设置"对话框，将"舞台大小"设置为 450 像素×500 像素，将"舞台颜色"设置为白色，将"帧频"设置为"8"fps，完成后单击【确定】按钮。

2．执行"文件"→"导入"→"导入到舞台"命令，将"源文件与素材\案例四十\跷跷板"中的"背景"素材导入到舞台中并调整至合适位置。

3．在"图层 1"的第 10 帧按【F5】键，插入帧。

4．新建"图层 2"，执行"文件"→"导入"→"导入到舞台"命令，将"源文件与素材\案例四十\跷跷板"中的"跷跷板 1"素材导入到舞台中并调整至合适位置。

5．新建"图层 3"，执行"文件"→"导入"→"导入到舞台"命令，将"源文件与素材\案例四十跷跷板"中的"跷跷板 2"素材导入到舞台中，并调整放置于跷跷板的中央位置。

6．在"图层 2"的第 2 帧，按【F6】键，插入关键帧，并用任意变形工具旋转调整"跷跷板"素材的角度，如图 2-4-18 所示。

图 2-4-18　旋转调整"跷跷板"素材的角度

7．在"图层 2"的第 3～10 帧，分别按【F6】键，插入关键帧，并旋转调整"跷跷板"素材的角度以模仿跷跷板来回上下跷。

8．在"图层 3"中新建"图层 4"，执行"文件→导入→导入到舞台"命令，将"源文件与素材\案例四十\跷跷板"中的"花"素材导入到舞台中并调整至合适位置。

9．保存文件，按【Ctrl+Enter】组合键欣赏最终效果。

案例四十一　城市灯火

72．案例四十一
城市灯火

二维码微课：扫一扫，学一学。扫一扫二维码，观看本案例微课视频。

案例说明：本案例通过绘制不同大小和颜色的矩形，制作夜幕下城市灯火闪动的逐帧动画效果。

光盘文件：源文件与素材\案例四十一\城市灯火.fla。

案例制作步骤：

1．执行"修改"→"文档"命令，打开"文档设置"对话框，将"舞台大小"设置为 600 像素×750 像素，将"舞台颜色"设置为白色，将"帧频"设置为"8"fps，完成后单击【确定】按钮。

2．执行"文件"→"导入"→"导入到舞台"命令，将"源文件与素材\案例四十一\城市灯火"中的"背景"素材导入到舞台中并调整至合适位置。

3．在"图层 1"的第 25 帧按【F5】键，插入帧。

4．新建"图层 2"，使用矩形工具绘制几个高楼形状的矩形，用油漆桶工具将其填充为深蓝色，并调整至合适位置，如图 2-4-19 所示。

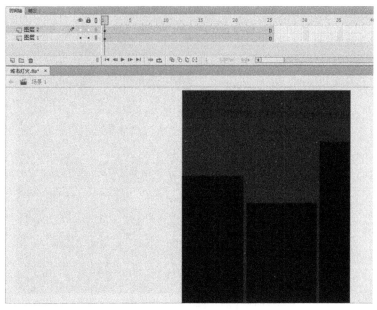

图 2-4-19　绘制高楼形状

5．新建"图层 3"，使用矩形工具绘制多个窗口形状的小矩形，用油漆桶工具将其填充为深灰色，按【Ctrl+K】组合键，调出对齐面板，使所有小窗口对齐调整至合适位置。如图 2-4-20 所示。

图 2-4-20　绘制多个窗口形状

6．在"图层 3"的第 2 帧，按【F6】键插入关键帧，并用油漆桶工具在其中的任意一个小窗口中填充黄色，如图 2-4-21 所示。

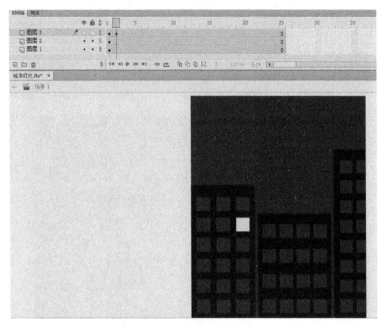

图 2-4-21　对小窗口填充黄色

7．在"图层 3"的第 3 帧，按【F6】键插入关键帧，并用油漆桶工具在其中任意 1～2 小窗口中填充黄色，如图 2-4-22 所示。

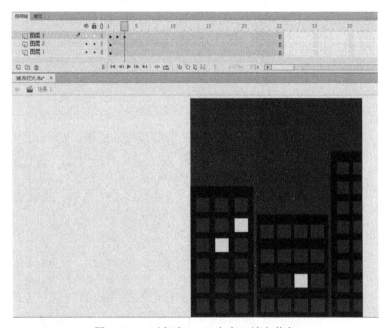

图 2-4-22　对任意 1～2 小窗口填充黄色

8．在"图层 3"的第 4～25 帧，分别按【F6】键插入关键帧，并用油漆桶工具在其中任意小窗口中填充黄色，直至填满。

9．保存文件，按【Ctrl+Enter】组合键欣赏最终效果。

项目五

遮 罩 动 画

案例四十二　字幕

二维码微课：扫一扫，学一学。扫一扫二维码，观看本案例微课视频。

案例说明：制作一个文字淡入淡出的动画，要求文字从屏幕的底部淡入，从屏幕的顶部淡出。本案例将学习"淡入谈出""颜色"面板等知识点。

光盘文件：源文件与素材\案例四十二\字幕.fla。

案例制作步骤：

1. 新建一个影片文档，设置影片的尺寸为宽 550 像素、高 400 像素，背景色为黑色（颜色值为#000000），命名为"字幕.fla"。

2. 按组合键【Ctrll+F8】新建一个图形元件，命名为"文字块"。在"文字块"元件中输入一文字块（字型为宋体，大小为 20，颜色值为# FF0000），如图 2-5-1 所示。按【Ctrl+B】组合键两次，将文字完全打散。

3. 按组合键【Ctrl+F8】新建一个图形元件，命名为"被遮方块"。按组合键【Shifl+F9】，打开"颜色"面板，具体设置如图 2-5-2 所示，中间指针颜色设置为#00FF00，左右两端的指针颜色设置为#000000。

图 2-5-1　"文字块"元件

图 2-5-2　"颜色"面板

4．用"矩形工具"在"被遮方块"元件的编辑区中绘制一个无边框且填充色为如图 2-5-3 所设置的矩形。执行"修改"→"变形"|"顺时针旋转 90 度"命令调整矩形。

5．单击"场景"按钮返回主场景，将图形元件"被遮方块"拖入主场景，在第 40 帧处按【F5】键插入帧。

6．添加图层 2，将图形元件"文字块"拖入主场景，调整舞台中两个实例的相对大小，使"文字块"实例在"被遮方块"实例内，如图 2-5-4 所示。

图 2-5-3　"被遮方块"元件

图 2-5-4　两元件实例的舞台效果

7．单击图层 2 的第 40 帧，按【F6】键插入关键帧。在"文字块"实例属性面板设置第 1、40 帧的 Y 值为 720 和 360。

8．右击图层 2，执行"遮罩层"命令，其时间轴设置如图 2-5-5 所示。

图 2-5-5　"字幕"时间轴设置

9．按组合键【Ctrl+S】保存 Flash 文件。按组合键【Ctrl+Enter】在播放窗口中播放动画。

案例四十三　特效镜头

74. 案例四十三
特效镜头

二维码微课：扫一扫，学一学。扫一扫二维码，观看本案例微课视频。

案例说明：制作一个镜头拉伸特效的动画，要求动画的最终效果类似镜头从远处拉到近处且带有淡入淡出的特效。本案例将学习运用"导入到库"和"遮罩层"等知识点进行综合操作。

光盘文件：源文件与素材\案例四十三\特效镜头.fla。

案例制作步骤：

1．新建一个影片文档，设置影片的尺寸为宽 550 像素、高 400 像素，背景色为黑色，以"特效镜头.fla"为名保存。

2. 执行"文件"→"导入"→"导入到库"命令,弹出"导入"对话框,选中"特效镜头.JPG",单击【打开】按钮,将其导入到库中。

3. 按组合键【Ctrl+L】打开"库"面板,将位图元件"特效镜头.JPG"拖入到舞台中,并在其位图"属性"面板中设置宽为550.05,高为400,X 为 0,Y 为 0,如图 2-5-6 所示。单击图片,按【F8】键将其转换为图形元件。

图 2-5-6 位图"属性"面板

4. 单击第 40 帧,按【F6】键插入关键帧,执行"修改"→"变形"命令,调出"缩放和旋转"对话框,在其"缩放"文本框中输入 300%。右击第 1 帧,执行"创建传统补间"命令。

5. 在第 10、30 帧中插入关键帧。分别单击第 1、40 帧,在对应的图形"属性"面板中的"色彩效果"下拉列表框选中"Alpha"选项,设置值为 0%。

6. 添加图层 2,用"矩形工具"在舞台中绘制一个任意颜色且宽为 550.05、高为 220,X 为 0 的矩形图形。在第 50 帧处按【F5】键插入帧。

7. 右击图层 2,执行"遮罩层"命令,其时间轴设置如图 2-5-7 所示。

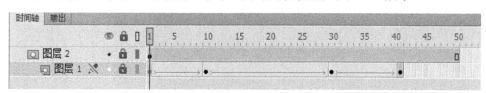

图 2-5-7 "特效镜头"时间轴

8. 按组合键【Ctrl+S】保存 Flash 文件。按组合键【Ctrl+Enter】在播放窗口中播放动画。

案例四十四 指针画圆

75. 案例四十四
指针画圆

二维码微课: 扫一扫,学一学。扫一扫二维码,观看本案例微课视频。

案例说明: 制作一个指针画圆的动画,要求类似圆规画圆,指针转到哪,圆出现在哪里,本案例将学习运用"逐帧动画"等知识点创建遮罩动画。

光盘文件: 源文件与素材\案例四十四\指针画圆.fla。

案例制作步骤:

1. 新建一个影片文档,设置影片的尺寸为宽 550 像素、高 400 像素,背景色为白色,命名为"指针画圆.fla"。

2. 单击"椭圆工具",按【Shift】键,在舞台中绘制一个红色边框且无填充色的"正圆"。

3. 用"选择工具"单击"正圆",在其形状"属性"面板中设置宽为 200,高为 200,

X 为 150，Y 为 100，如图 2-5-8 所示。

4．在图层 1 的第 20 帧处插入帧。在图层 1 上添加两个图层。在图层 3 中，用"线条工具"绘制一条直线，用"选择工具"单击"直线"对象，在其形状"属性"面板中设置宽为 100，高为 0，X 为 250，Y 为 200。

5．将"直线"对象转换为图形元件，用"任意变形工具"单击"直线"对象，并调整其变形定位点到右端点处，如图 2-5-9 所示。

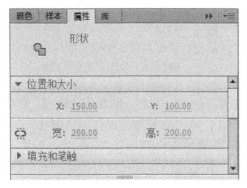

图 2-5-8　形状"属性"面板的设置

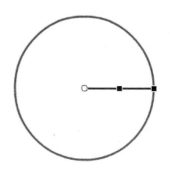

图 2-5-9　修改"直线"对象的变形定位点

6．单击图层 3 的第 5 帧，插入一个关键帧，对"直线"对象执行"修改"→"变形"→"顺时针旋转 90 度"命令。依次对第 10、15、20 帧做同样的操作，如图 2-5-10～图 2-5-13 所示。右击第 1、5、10 和 15 帧，执行"创建传统补间"命令。

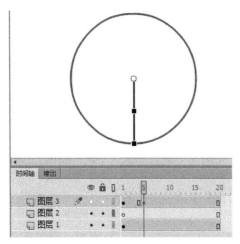

图 2-5-10　图层 3 第 5 帧的舞台效果

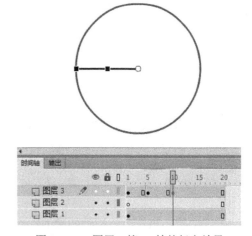

图 2-5-11　图层 3 第 10 帧的舞台效果

7．对图层 2 制作帧帧动画。在第 1 帧中，用"画笔工具"绘制"直线"对象所指向的圆周位置，如图 2-5-14 所示。在第 2～20 帧分别插入关键帧，且舞台的操作都同第 1 帧。第 2、20 帧的舞台效果如图 2-5-15 和图 2-5-16 所示。

8．右击图层 2，执行"遮罩层"命令，其时间轴设置如图 2-5-17 所示。

9．按组合键【Ctrl+S】保存 Flash 文件。按组合键【Ctrl+Enter】在播放窗口中播放动画。

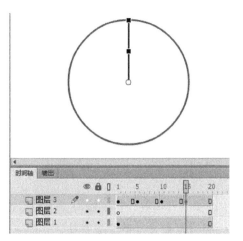

图 2-5-12　图层 3 第 15 帧的舞台效果

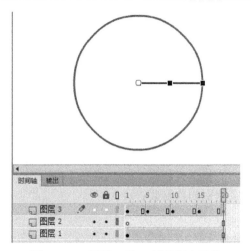

图 2-5-13　图层 3 第 20 帧的舞台效果

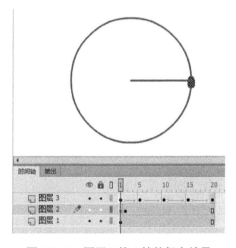

图 2-5-14　图层 2 第 1 帧的舞台效果

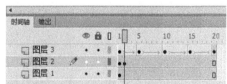

图 2-5-15　图层 2 第 2 帧的舞台效果

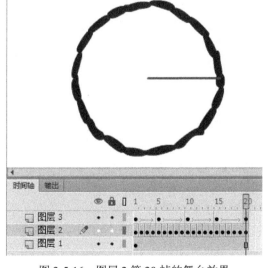

图 2-5-16　图层 2 第 20 帧的舞台效果

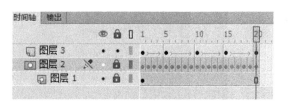

图 2-5-17　指针画圆时间轴设置

案例四十五　我是歌手

二维码微课：扫一扫，学一学。扫一扫二维码，观看本案例微课视频。

案例说明：本案例综合运用多边形工具与遮罩动画来制作我是歌手的动画效果。

光盘文件：源文件与素材\案例四十五\我是歌手.fla。

案例制作步骤：

1. 执行"修改"→"文档"命令，打开"文档设置"对话框，将"舞台大小"设置为400像素×400像素，将"帧频"设置为"35"fps，完成后单击【确定】按钮。

2. 执行"文件"→"导入"→"导入到舞台"命令，将"源文件与素材\案例四十五\我是歌手"中的"舞台"素材导入到舞台中，按【Ctrl+K】组合键调出对齐面板，勾选"与舞台对齐"选项并使图片水平垂直居中于舞台。

3. 新建"图层2"，执行"文件"→"导入"→"导入到舞台"命令，将"源文件与素材\案例四十五\我是歌手"中的"歌手"素材导入到舞台中并调整至合适位置。

4. 新建"图层3"，选择多边形工具，并按【Ctrl+F3】组合键，调出多边形属性面板，在工具设置选项中设置样式（星形，边数：6），如图2-5-18所示。

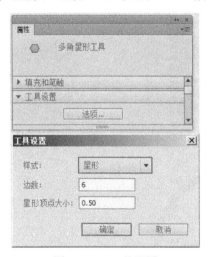

图2-5-18　工具设置

5. 选中"图层3"的第1帧，使用多边形工具在舞台中绘制一个无边框、填充色随意的小多边形，如图2-5-19所示。

6. 在"图层1"和"图层2"的第60帧分别按【F5】键，插入帧。在"图层3"的第60帧，按【F6】键，插入关键帧。

7. 选中"图层3"的第60帧，将多边形放大到覆盖整个舞台。

8. 选中"图层3"，然后在第1帧与第60帧之间单击鼠标右键，在弹出的快捷菜单中选择"创建补间形状"命令。

图 2-5-19　绘制小多边形

9. 在"图层 3"上单击鼠标右键，在弹出的快捷菜单中选择"遮罩层"命令，如图 2-5-20 所示。

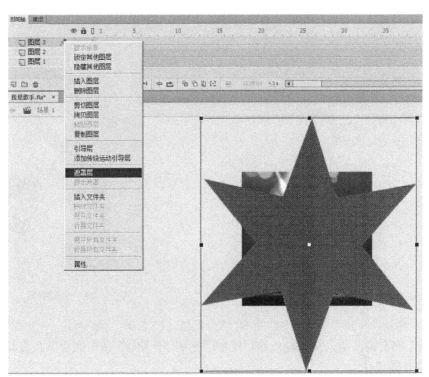

图 2-5-20　选择"遮罩层"命令

10. 欣赏动画。保存文件并按【Ctrl+Enter】组合键欣赏最终效果。

案例四十六　生长的藤蔓

二维码微课：扫一扫，学一学。扫一扫二维码，观看本案例微课视频。

案例说明：本案例综合运用椭圆工具与遮罩动画来制作藤蔓生长的动画效果。

光盘文件：源文件与素材\案例四十六\生长的藤蔓.fla。

案例制作步骤：

1．执行"修改"→"文档"命令，打开"文档设置"对话框，将"舞台大小"设置为 400 像素×800 像素，将"帧频"设置为"12"fps，完成后单击【确定】按钮。

2．执行"文件"→"导入"→"导入到舞台"命令，将"源文件与素材\案例四十六\生长的藤蔓"中的"小男孩"素材导入到舞台中并调整至合适位置。

3．新建"图层 2"，执行"文件"→"导入"→"导入到舞台"命令，将"源文件与素材\案例四十六\生长的藤蔓"中的"藤蔓"素材导入到舞台中并调整至合适位置，如图 2-5-21 所示。

4．新建"图层 3"，选中"图层 3"的第 1 帧，使用椭圆工具在舞台的下方绘制一个无边框、填充色随意的小圆，如图 2-5-22 所示。

图 2-5-21　导入"藤蔓"素材

图 2-5-22　绘制小圆

5．在"图层 1"和"图层 2"的第 80 帧分别按【F5】键，插入帧，并在"图层 3"的第 80 帧按【F6】键，插入关键帧。然后选中"图层 3"第 80 帧中的小圆，将其向上移动并放大到将藤蔓遮住。

6．选择"图层 3"的第 1 帧与第 80 帧之间的任意一帧，单击鼠标右键，在弹出的快捷菜单中选择"创建补间形状"命令，这样就在第 1 帧与第 80 帧之间创建了形状补间动画。

7．在"图层 3"上单击鼠标右键，在弹出的快捷菜单中选择"遮罩层"命令。

8．保存文件，按【Ctrl+Enter】组合键欣赏最终效果。

案例四十七　看电视

二维码微课：扫一扫，学一学。扫一扫二维码，观看本案例微课视频。

案例说明：本案例通过钢笔工具与遮罩层的运用来制作看电视的动画效果。

光盘文件：源文件与素材\案例四十七\看电视.fla。

案例制作步骤：

1．新建一个 Flash 文档，执行"修改"→"文档"命令，打开"文档设置"对话框，在对话框中将"舞台大小"设置为 550 像素×400 像素，"帧频"设置为"12"fps，设置完成后单击【确定】按钮。

2．执行"文件"→"导入到舞台"命令，将"源文件与素材\案例四十七\看电视"中的"看电视"素材导入到舞台中并调整至合适位置。

3．复制"图层 1"的第 1 帧图片，新建"图层 2"，将"图层 1"第 1 帧的图片粘贴到"图层 2"的第 1 帧中。

4．将"图层 2"隐藏，选择"图层 1"的图片，按【F8】键，将"图层 1"的图片转换为图形元件，名称保持默认，如图 2-5-23 所示。

5．恢复"图层 2"的显示，然后按【Ctrl+B】组合键将图片打散，如图 2-5-24 所示。

图 2-5-23　转换为图形元件

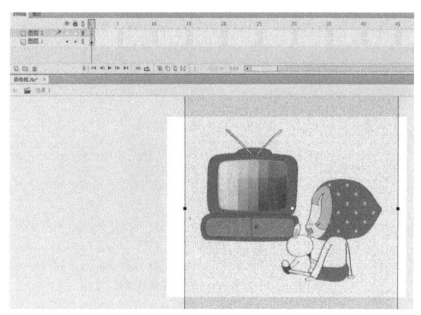

图 2-5-24　将图片打散

6．选择工具箱中的钢笔工具，在打散后的图片上删除彩条以外的部分，并将图片适当地向右移动1～2个像素的距离，如图2-5-25所示。

图2-5-25　删除彩条以外的部分

7．选中上步操作后的图形，按【F8】键，转换名称为"元件2"的图形元件。

8．选择"元件2"，在"属性"面板中将其Alpha值设置为60%，如图2-5-26（a）所示。

9．新建"图层3"，使用矩形工具绘制一个无边框、填充色随意的矩形，并将其移动到舞台上方。

10．复制矩形，直到将舞台铺满，如图2-5-26（b）所示。

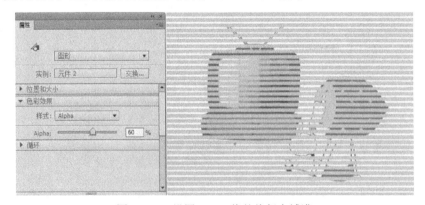

图2-5-26　设置Alpha值并将舞台铺满

11．选中"图层3"中的所有矩形，按【F8】键，将其转换为名称为"元件3"的图形元件。

12．在"图层3"的第30帧插入关键帧，将该帧中的元件向下移动一段距离，并在第1帧到第30帧之间创建补间动画，最后在"图层1"与"图层2"的第30帧插入帧，如图2-5-27所示。

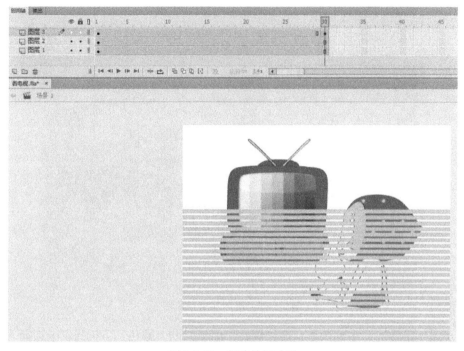

图 2-5-27　创建补间动画

13．在"图层3"上单击鼠标右键，在弹出的快捷菜单中选择"遮罩层"命令。

14．保存文件，按【Ctrl+Enter】组合键，欣赏本案例的完成效果。

案例四十八　水中夕阳倒影

79. 案例四十八
水中夕阳倒影

二维码微课：扫一扫，学一学。扫一扫二维码，观看本案例微课视频。

案例说明：本案例主要例用导入功能，将准备好的图片导入到舞台中，再运用遮罩技术，编辑出夕阳倒影中淡淡的水纹效果。

光盘文件：源文件与素材\案例四十八\水中夕阳倒影.fla。

案例制作步骤：

1．新建一个Flash文档，执行"修改"→文档"命令，打开"文档设置"对话框，在对话框中将"舞台大小"设置为550像素×400像素，将"帧频"设置为"12"fps，完成后单击【确定】按钮。

2．执行"文件"→"导入"→"导入到舞台"命令，将"源文件与素材\案例四十八\水中夕阳倒影"中的"夕阳"素材导入到舞台中并调整至合适位置。

3．选中图片，按【F8】键将其转换为图形元件，然后执行"编辑"→"复制"命令，将图片复制一次。新建"图层2",执行"编辑"→"粘贴到当前位置"命令,将图片粘贴到"图层2"中。最后选中"图层2"中的图片,执行"修改"→"变形"→"垂直翻转"命令,将图片垂直翻转,如图 2-5-28 所示。

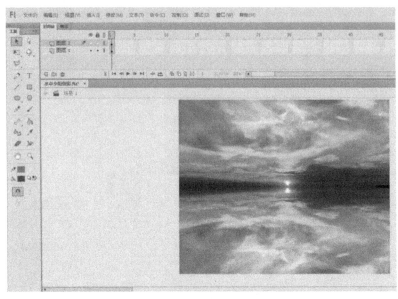

图 2-5-28　将图片垂直翻转

4. 选中"图层2"中的图形,在"属性"面板上的"颜色"下拉列表中选择"高级"选项,设置 Alpha 值为 100%、红 40%、绿 43%,蓝 100%。

5. 选中"图层 2",执行"编辑"→"复制"命令,将图片复制一次,然后新建"图层 3",执行"编辑"→"粘贴到当前位置"命令,将图片粘贴到"图层 3"中,并适当向右移动几个像素。选中"图层 3"中的图片,在"属性"面板上的"颜色"下拉列表中选择"高级"选项,设置 Alpha 值为 80%、红 40%、绿 41%,蓝 100%。

6. 新建"图层 4",使用矩形工具在舞台中绘制一个无边框、填充色为任意色的矩形。然后按住【Alt】键不放,选中这个矩形并向下拖动,将矩形覆盖整个画面,如图 2-5-29 所示。

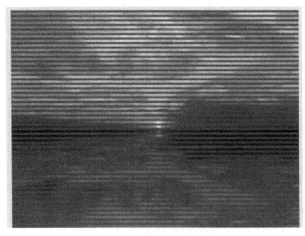

图 2-5-29　覆盖整个画面

7．选中"图层 4"的第 40 帧，按【F6】键插入关键帧，并将所有矩形向下并适当向右移动几个像素。然后在"图层 1"、"图层 2"与"图层 3"的第 40 帧按【F5】键，插入帧。

8．选中"图层 4"，再选中舞台上的所有矩形，按【Ctrl+G】组合键将其组合，接着按【F8】键将其转换为图形元件。然后在第 1 帧与第 40 帧之间单击鼠标右键，在弹出的快捷菜单中选择"创建传统补间"命令。

9．在"图层 4"上单击鼠标右键，在弹出的快捷菜单中选择"遮罩层"命令。

10．保存文件，按【Ctrl+Enter】组合键欣赏本案例的完成效果。

案例四十九　喝饮料

80．案例四十九喝饮料

二维码微课：扫一扫，学一学。扫一扫二维码，观看本案例微课视频。

案例说明：本案例主要通过创建补间形状，运用遮罩技术，制作出小男孩喝饮料的效果。

光盘文件：源文件与素材\案例四十九\喝饮料.fla。

案例制作步骤：

1．新建一个 Flash 文档，执行"修改"→"文档"命令，打开"文档设置"对话框，在对话框中将"舞台大小"设置为 500 像素×500 像素，将"帧频"设置为"24"fps，完成后单击【确定】按钮。

2．执行"文件"→"导入"→"导入到舞台"命令，将"源文件与素材\案例四十九\喝饮料"中的"小男孩"素材导入到舞台中并调整至合适位置。

3．新建"图层 2"，将"图层 2"移动至"图层 1"下方，执行"文件"→"导入"→"导入到舞台"命令，将"源文件与素材\案例四十九\喝饮料"中的"饮料"素材导入到舞台中并调整至合适位置。

4．在"图层 2"上方新建"图层 3"，使用矩形工具在舞台中绘制一个无边框、填充色为任意色的矩形，并使矩形完全覆盖"图层 2"，如图 2-5-30 所示。

5．在"图层 1"和"图层 2"的第 100 帧分别按【F5】键插入帧。在"图层 3"的第 100 帧，按【F6】键插入关键帧。

6．选中"图层 3"的第 100 帧，将矩形向下移动到杯子的下方边缘。

7．选中"图层 3"，然后在第 1 帧与第 100 帧之间单击鼠标右键，在弹出的快捷菜单中选择"创建补间形状"命令。

8．在"图层 3"上单击鼠标右键，在弹出的快捷菜单中选择"遮罩层"命令。

9．保存文件，按【Ctrl+Enter】组合键欣赏本案例的完成效果。

图 2-5-30　矩形完全覆盖"图层 2"

案例五十　找不同

81. 案例五十
找不同

二维码微课： 扫一扫，学一学。扫一扫二维码，观看本案例微课视频。

案例说明： 本案例通过导入放大镜，创建遮罩层，并用任意放大工具放大背景图片的方法制作遮罩动画。

光盘文件： 源文件与素材\案例五十\找不同.fla。

案例制作步骤：

1．新建一个 Flash 文档，执行"修改"→"文档"命令，打开"文档设置"对话框，在对话框中将"舞台大小"设置为 550 像素×413 像素、"帧频"设置为"12"fps，完成后单击【确定】按钮。

2．执行"文件"→"导入"→"导入到舞台"命令，将"源文件与素材\案例五十\找不同"中的"背景"素材导入到舞台中，按【Ctrl+K】组合键，调出对齐面板，勾选"与舞台对齐"选项并使图片水平垂直居中于舞台

3．复制"图层 1"的第 1 帧图片。新建"图层 2"，将"图层 1"第 1 帧的图片粘贴到"图层 2"的第 1 帧中，并用任意变形工具将"图层 2"的第一帧图片适当放大。

4．新建"图层 3"，执行"文件"→"导入"→"导入到舞台"命令，将"源文件与素材\案例五十\找不同"中的"放大镜"素材导入到舞台中并调整至合适位置。

5．新建"图层 4"，将"图层 4"移动至"图层 3"的下方，使用椭圆工具在"图层 4"的第 1 帧上绘制一个无边框、填充色为任意色的且和放大镜镜片等大的圆形，如图 2-5-31 所示。

6．选中"图层 4"中的圆形，按【F8】键，将其转换为名称为"元件 1"的影片剪辑元件。

7．在"图层 1"和"图层 2"的第 50 帧分别按【F5】键插入帧。在"图层 3"和"图

层 4" 的第 50 帧，按【F6】键插入关键帧。

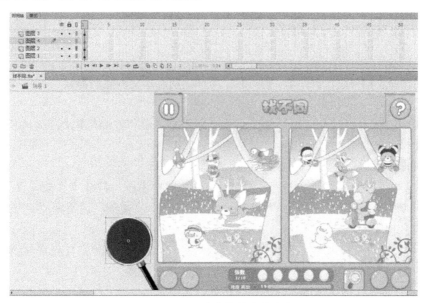

图 2-5-31　绘制与放大镜镜片等大的圆形

8. 同时选中"图层 3"和"图层 4"的第 50 帧，将放大镜和圆形同时向右侧移动到背景边缘，如图 2-5-32 所示。

图 2-5-32　将放大镜和圆形同时向右侧移动到背景边缘

9. 选中"图层 3"，然后在第 1 帧与第 50 帧之间单击鼠标右键，在弹出的快捷菜单中选择"创建传统补间"命令。

10. 选中"图层 4"，然后在第 1 帧与第 50 帧之间单击鼠标右键，在弹出的快捷菜单中选择"创建传统补间"命令。

11. 在"图层 4"上单击鼠标右键，在弹出的快捷菜单中选择"遮罩层"命令。

12. 保存文件，按【Ctrl+Enter】组合键欣赏本案例的完成效果。

案例五十一　红绿灯

二维码微课：扫一扫，学一学。扫一扫二维码，观看本案例微课视频。

案例说明：本案例综合运用椭圆工具与遮罩动画来制作红绿灯闪烁的动画效果。

光盘文件：源文件与素材\案例五十一\红绿灯.fla。

案例制作步骤：

1．新建一个 Flash 文档，执行"修改""→文档"命令，打开"文档设置"对话框，在对话框中将"舞台大小"设置为 600 像素×800 像素、"帧频"设置为"4"fps，完成后单击【确定】按钮。

2．执行"文件"→"导入"→"导入到舞台"命令，将"源文件与素材\案例五十一\红绿灯"中的"背景"素材导入到舞台中并调整至合适位置。

3．在"图层 1"的第 15 帧，按【F5】键插入帧。

4．新建"图层 2"，执行"文件"→"导入"→"导入到舞台"命令，将"源文件与素材\案例五十一\红绿灯"中的"过马路"素材导入到舞台中并调整至合适位置。

5．新建"图层 3"，执行"文件"→"导入"→"导入到舞台"命令，将"源文件与素材\案例五十一\红绿灯"中的"红绿灯 1"　素材导入到舞台中并调整至合适位置。

6．将"图层 3"移至"图层 2"的下方。

7．在"图层 3"上方新建"图层 4"，执行"文件"→"导入"→"导入到舞台"命令，将"源文件与素材\案例五十一\红绿灯"中的"红绿灯 2"素材导入到舞台中并调整至合适位置，如图 2-5-33 所示。

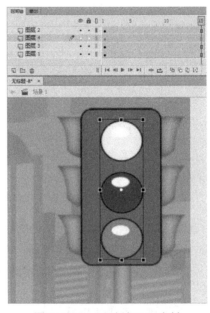

图 2-5-33　"红绿灯 2"素材

8．在"图层4"上方新建"图层5"，使用椭圆工具绘制与红绿灯一样大小的圆形，并调整覆盖于黄灯上，如图2-5-34所示。

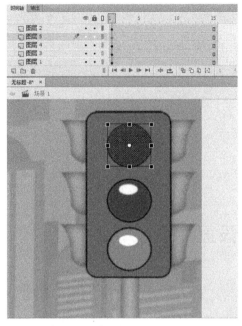

图2-5-34　将圆形覆盖于黄灯上

9．在"图层5"的第5帧按【F6】键，插入关键帧。将绘制好的圆形调整后覆盖于红灯上。

10．在"图层5"的第10帧按【F6】键，插入关键帧。将绘制好的圆形调整后覆盖于黄灯上。

11．在"图层5"的第15帧按【F6】键，插入关键帧。将绘制好的圆形调整后覆盖于绿灯上。

12．在"图层5"上单击鼠标右键，在弹出的快捷菜单中选择"遮罩层"命令。

13．保存文件，按【Ctrl+Enter】组合键，欣赏本案例的完成效果。

项目六

引导层动画

案例五十二　投篮

83. 案例五十二
投篮

二维码微课：扫一扫，学一学。扫一扫二维码，观看本案例微课视频。

案例说明：本案例主要通过创建补间动画及创建引导层来编辑制作篮球员投篮的动画。

光盘文件：源文件与素材\案例五十二\投篮.fla。

案例制作步骤：

1. 新建一个 Flash 文档，执行"修改"→"文档"命令，打开"文档设置"对话框，在对话框中将"舞台大小"设置为 800 像素×552 像素，将"帧频"设置为"8" fps，完成后单击【确定】按钮。

2. 执行"文件"→"导入到舞台"命令，将"源文件与素材\案五十二\投篮"中的"背景"素材导入到舞台中。

3. 新建"图层 2"，执行"文件"→"导入到舞台"命令，将"源文件与素材\案例五十二\投篮"中的"篮球"素材导入到舞台中，用任意变形工具将其调整到合适大小并放于合适位置，如图 2-6-1 所示。

图 2-6-1　将"篮球"素材导入到舞台

4．选中"图层 2"，单击鼠标右键，在弹出的快捷菜单中选择"添加传统运动引导层"命令。

5．选中"引导层：图层 2"的第 1 帧，使用铅笔工具在工作区中随意绘制一条不闭合的路径，如图 2-6-2 所示。

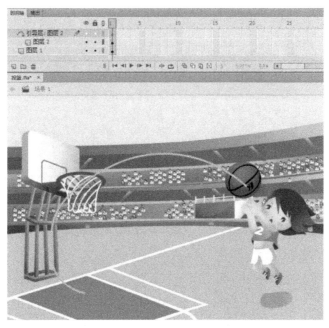

图 2-6-2　绘制一条不闭合的路径

6．在"图层 1"的第 20 帧按【F5】键插入帧。在"图层 2"的第 20 帧按【F6】键插入关键帧。在"引导层：图层 2"的第 20 帧按【F5】键，插入帧，如图 2-6-3 所示。

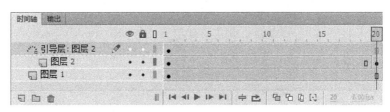

图 2-6-3　插入帧

7．拖动"图层 2"第 1 帧中的"篮球"素材，并使其中心对齐到路径的一端，如图 2-6-4 所示。

8．拖动"图层 2"第 20 帧中的"篮球"素材，并使其中心对齐到路径的另一端，如图 2-6-5 所示。

9．选中"图层 2"，然后在"图层 2"的第 1 帧与第 20 帧之间单击鼠标右键，在弹出的快捷菜单中选择"创建传统补间"命令。

10．新建"图层 4"，执行"文件→导入到舞台"命令，将"源文件与素材\案例五十二\投篮"中的"篮筐"素材导入到舞台中，用任意变形工具调整其大小并放置到合适位置（对齐背景上的篮筐处）。

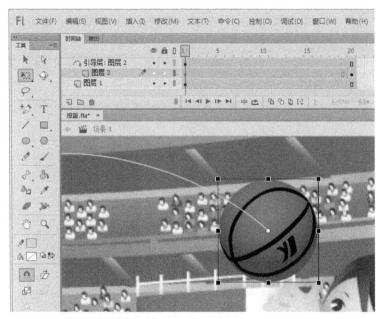

图 2-6-4　第 1 帧中的"篮球"素材中心对齐到路径的一端

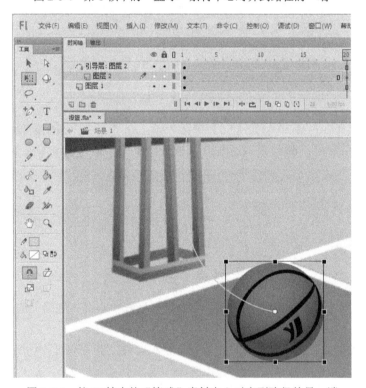

图 2-6-5　第 20 帧中的"篮球"素材中心对齐到路径的另一端

11．保存文件，然后按【Ctrl+Enter】组合键测试影片。

案例五十三　海底世界

二维码微课：扫一扫，学一学。扫一扫二维码，观看本案例微课视频。

案例说明：本案例主要通过创建补间动画及创建引导层来编辑制作海底鱼儿畅游的动画。

光盘文件：源文件与素材\案五十三\海底世界.fla。

案例制作步骤：

1．新建一个 Flash 文档，执行"修改"→"文档"命令，打开"文档设置"对话框，在对话框中将"舞台大小"设置为 800 像素×500 像素，将"帧频"设置为"8"fps，完成后单击【确定】按钮。

2．执行"文件"→"导入到舞台"命令，将"源文件与素材\案五十三\海底世界"中的"背景"素材导入到舞台中。

3．新建"图层 2"，执行"文件"→"导入到舞台"命令，将"源文件与素材\案例五十三\海底世界"中的"鱼 1"素材导入到舞台中，并用任意变形工具调整其大小后放置于舞台左侧，如图 2-6-6 所示。

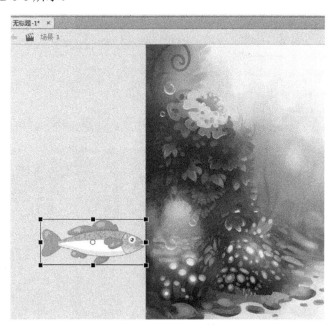

图 2-6-6　"鱼 1"素材导入到舞台中

4．选中"图层 2"，单击鼠标右键，在弹出的快捷菜单中选择"添加传统运动引导层"命令。

5．选中"引导层：图层 2"的第 1 帧，使用铅笔工具在工作区中随意绘制一条不闭合的路径，如图 2-6-7 所示。

图 2-6-7　绘制一条不闭合的路径

6．在"图层 1"的第 30 帧按【F5】键，插入帧。在"图层 2"的第 30 帧按【F6】键，插入关键帧。在"引导层：图层 2"的第 30 帧按【F5】键，插入帧。

7．拖动"图层 2"第 1 帧中的"鱼"素材，并使其中心对齐到路径的一端，如图 2-6-8 所示。

图 2-6-8　第 1 帧中的"鱼"素材中心对齐到路径的一端

8．拖动"图层 2"第 30 帧中的"鱼"素材，并使其中心对齐到路径的另一端，如图 2-6-9 所示。

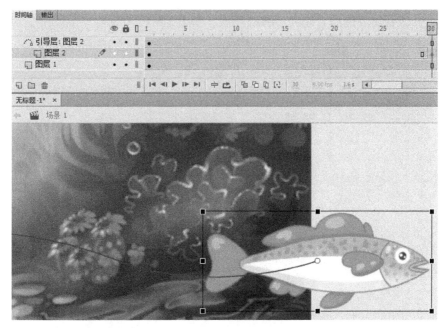

图 2-6-9 第 30 帧中的 "鱼" 素材中心对齐到路径的一端

9. 选中 "图层 2"，然后在 "图层 2" 的第 1 帧与第 30 帧之间单击鼠标右键，在弹出的快捷菜单中选择 "创建传统补间" 命令。

10. 新建 "图层 4"，执行 "文件" → "导入到舞台" 命令，将 "源文件与素材\案例五十三\海底世界" 中的 "鱼 2" 素材导入到舞台中，并用任意变形工具将其调整到合适大小并放置于舞台右侧。

11. 选中 "图层 3"，单击鼠标右键，在弹出的快捷菜单中选择 "添加传统运动引导层" 命令。

12. 选中 "引导层：图层 4" 的第 1 帧，使用铅笔工具在工作区中随意绘制一条不闭合的路径。

13. 拖动 "图层 4" 第 1 帧中的 "鱼" 素材，并使其中心对齐到路径的右端。

14. 拖动 "图层 4" 第 30 帧中的 "鱼" 素材，并使其中心对齐到路径的左端。

15. 选中 "图层 4" 的第 30 帧按下【F6】键插入关键帧，然后在 "图层 4" 的第 1 帧与第 30 帧之间单击鼠标右键，在弹出的快捷菜单中选择 "创建传统补间" 命令。

16. 新建多个图层，分别将素材文件中的 "鱼 3"、"鱼 4" 和 "鱼 5" 导入图层中，并按之前的方法新建引导层，如图 2-6-10 所示。

17. 在所有图层上方新建 "图层 12"，执行 "文件" → "导入到舞台" 命令，将 "源文件与素材\案例五十三\海底世界" 中的 "泡泡" 素材导入到舞台中，并用任意变形工具将其调整到合适大小并放置于舞台底部。

18. 在 "图层 12" 的第 30 帧按【F6】键，插入关键帧，并将 "泡泡" 素材移动到舞台上方。

19. 选中 "图层 12"，然后在 "图层 12" 的第 1 帧与第 30 帧之间单击鼠标右键，在弹出的快捷菜单中选择 "创建传统补间" 命令。

20. 新建多个图层，复制 "泡泡" 素材，分别粘贴至各个图层中，按之前的方法创建传统补间，并适当将各图层分别向后移动几帧，如图 2-6-11 所示。

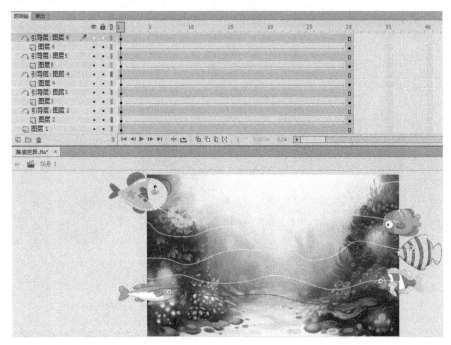

图 2-6-10　新建引导层

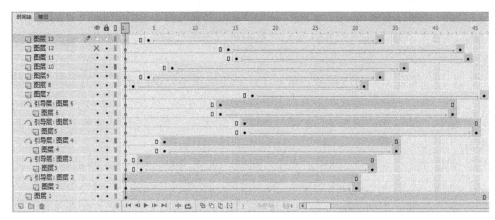

图 2-6-11　创建传统补间

21．保存文件，然后按【Ctrl+Enter】组合键测试影片。

案例五十四　白天黑夜

85．案例五十四
白天黑夜

二维码微课：扫一扫，学一学。扫一扫二维码，观看本案例微课视频。

案例说明：本案例主要通过创建补间动画及创建引导层来编辑制作一天之中白天与黑夜的变换动画效果。

光盘文件：源文件与素材\案例五十四\白天黑夜.fla。

案例制作步骤：

1．新建一个 Flash 文档，执行"修改"→"文档"命令，打开"文档设置"对话框，在对话框中将"舞台大小"设置为 642 像素×319 像素，将"帧频"设置为"3"fps，完成后单击【确定】按钮。

2．执行"文件"→"导入到舞台"命令，将"源文件与素材\案五十四\白天黑夜"中的"地球"素材导入到舞台中。

3．新建"图层 2"执行"文件"→"导入到舞台"命令，将"源文件与素材\案例五十四\白天黑夜"中的"太阳"素材导入到舞台中，并用任意变形工具将其调整到合适大小并放置于舞台右下方。

4．选中"图层 2"，单击鼠标右键，在弹出的快捷菜单中选择"添加传统运动引导层"命令。

5．选中"引导层"的第 1 帧，使用铅笔工具在工作区中随意绘制一条不闭合的路径，如图 2-6-12 所示。

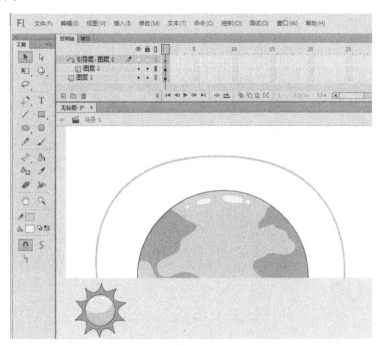

图 2-6-12　绘制一条不闭合的路径

6．在"图层 1"的第 20 帧按【F5】键，插入帧。在"图层 2"的第 20 帧按【F6】键，插入关键帧。在"引导层：图层 2"的第 20 帧按【F5】键，插入帧。

7．拖动"图层 2"第 1 帧中的"太阳"素材，并使其中心对齐到路径的左端。

8．拖动"图层 2"第 20 帧中的"太阳"素材，并使其中心对齐到路径的右端。

9．选中"图层 2"，然后在"图层 2"的第 1 帧与第 20 帧之间单击鼠标右键，在弹出的快捷菜单中选择"创建传统补间"命令。

10．新建"图层 4"，执行"文件→导入到舞台"命令，将"源文件与素材\案例五十四\白天黑夜"中的"月亮"素材导入到舞台中，并用任意变形工具将其调整到合适大小并放置于舞台左下方。

11. 选中"图层 3"，单击鼠标右键，在弹出的快捷菜单中选择"添加传统运动引导层"命令。

12. 选中"引导层：图层 4"的第 1 帧，使用铅笔工具在工作区中随意绘制一条不闭合的路径，并在"图层 3"的第 40 帧上按【F6】键，插入关键帧。

13. 拖动"图层 4"第 1 帧中的"月亮"素材，并使其中心对齐到路径的左端。

14. 拖动"图层 4"第 40 帧中的"月亮"素材，并使其中心对齐到路径的右端。

15. 选中"图层 4"，然后在"图层 3"的第 1 帧与第 40 帧之间单击鼠标右键，在弹出的快捷菜单中选择"创建传统补间"命令。

16. 在"引导层：图层 2"的上方新建"图层 6"，在"图层 6"的第 20 帧按【F6】键，插入关键帧。在"图层 4"的第 40 帧按【F5】键，插入帧。并用深蓝色填充整个工作区，如图 2-6-13 所示。

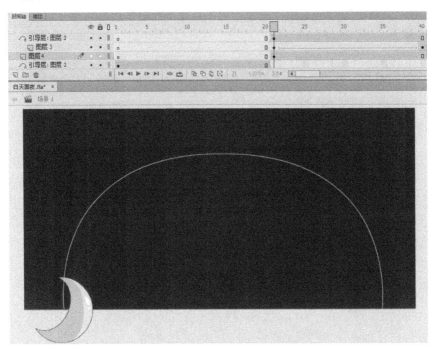

图 2-6-13 填充整个工作区

17. 在图层 6 之上新建"图层 7"，在"图层 7"的第 20 帧上按【F6】键，插入关键帧，并执行"文件→导入到舞台"命令，将"源文件与素材\案例五十四\白天黑夜"中的"地球"素材导入到舞台中，用任意变形工具将其调整到合适大小并放置于舞台中央。

18. 在图层最上方新建"图层 8"，在"图层 8"的第 20 帧上按【F6】键，插入关键帧，并执行"文件→导入到舞台"命令，将"源文件与素材\案例五十四\白天黑夜"中的"星星"素材导入到舞台中，复制多个星星素材，用任意变形工具将其调整到合适大小并放置于合适位置。

19. 在"图层 8"的第 25 帧上按【F6】键，插入关键帧。复制多个星星素材，用任意变形工具将其调整到合适大小并放置于合适位置。

20．按照前面介绍的方法，每隔 5 帧，在"图层 6"上按【F6】键，插入关键帧。复制多个星星素材，用任意变形工具将其调整到合适大小并放置于合适位置。

21．将"图层 8"移动至"图层 4"的下方，如图 2-6-14 所示。

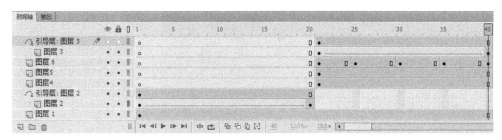

图 2-6-14　调整"图层 8"

22．保存文件，按【Ctrl+Enter】组合键测试影片。

案例五十五　蒲公英

86．案例五十五
蒲公英

二维码微课：扫一扫，学一学。扫一扫二维码，观看本案例微课视频。

案例说明：在制作本案例中飞舞的蒲公英动画时，主要通过创建补间动画及创建引导层来编辑制作。

光盘文件：源文件与素材\案例五十五\蒲公英.fla。

案例制作步骤：

1．新建一个 Flash 文档，执行"修改"→"文档"命令，打开"文档设置"对话框，在对话框中将"舞台大小"设置为 600 像素×800 像素，将"帧频"设置为"8"fps，完成后单击【确定】按钮。

2．执行"文件"→"导入到舞台"命令，将"源文件与素材\案例五十五\蒲公英"中的"背景"素材导入到舞台中，按【Ctrl+K】组合键，调出对齐面板，勾选"与舞台对齐"选项并使图片水平垂直居中于舞台。

3．新建"图层 2"，在"图层 2"的第 1 帧上执行"文件"→"导入到舞台"命令，将"源文件与素材\案例五十五\蒲公英"中的"蒲公英 1"素材导入到舞台中，并将蒲公英调整至合适大小放置到舞台的左侧。

4．在"图层 1"的第 30 帧按【F5】键，插入帧。在"图层 2"的第 30 帧，按【F6】键，插入关键帧。

5．选中"图层 2"，单击鼠标右键，在弹出的快捷菜单中选择"添加传统运动引导层"命令。

6．选中"引导层：图层 2"的第 1 帧，使用铅笔工具在工作区中随意绘制一条不闭合的路径。如图 2-6-15 所示。

7．拖动"图层 2"第 1 帧中的"蒲公英"素材，并使其中心对齐到路径的一端。

8．拖动"图层 2"第 30 帧中的"蒲公英"素材，并使其中心对齐到路径的另一端。

9．选中"图层2"，然后在"图层2"的第1帧与第30帧之间单击鼠标右键，在弹出的快捷菜单中选择"创建传统补间"命令。

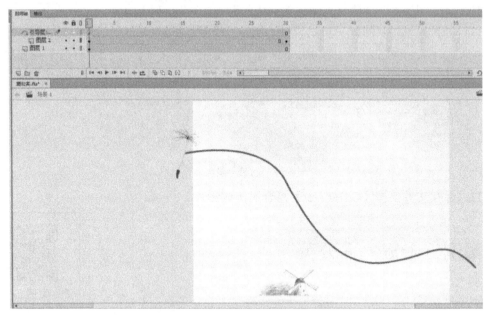

图 2-6-15　绘制一条不闭合的路径

10．新建"图层4"，在"图层4"的第1帧上执行"文件"→"导入到舞台"命令，将"源文件与素材\案例五十五\蒲公英"中的"蒲公英2"素材导入到舞台中，并将蒲公英调整至合适大小放置到舞台的左侧。

11．选中"图层4"，单击鼠标右键，在弹出的快捷菜单中选择"添加传统运动引导层"命令。

12．选中"引导层：图层4"的第1帧，使用铅笔工具在工作区中随意绘制一条不闭合的路径。

13．拖动"图层4"第1帧中的"蒲公英"素材，并使其中心对齐到路径的一端。

14．拖动"图层4"第30帧中的"蒲公英"素材，并使其中心对齐到路径的另一端。

15．选中"图层4"，然后在"图层4"的第1帧与第30帧之间单击鼠标右键，在弹出的快捷菜单中选择"创建传统补间"命令。

16．新建"图层6"，复制"图层2"第1帧的素材，在"图层6"的第1帧粘贴素材，并将蒲公英适当旋转放置到舞台的左侧。

17．选中"图层6"，单击鼠标右键，在弹出的快捷菜单中选择"添加传统运动引导层"命令。

18．选中"引导层：图层6"的第1帧，使用铅笔工具在工作区中随意绘制一条不闭合的路径。

19．拖拖动"图层6"第1帧中的"蒲公英"素材，并使其中心对齐到路径的一端。

20．拖动"图层6"第30帧中的"蒲公英"素材，并使其中心对齐到路径的另一端。

21．选中"图层6"，然后在"图层6"的第1帧与第30帧之间单击鼠标右键，在弹出的快捷菜单中选择"创建传统补间"命令。

22．新建多个图层，按照之前的方法创建引导层动画，如图 2-6-16 所示。

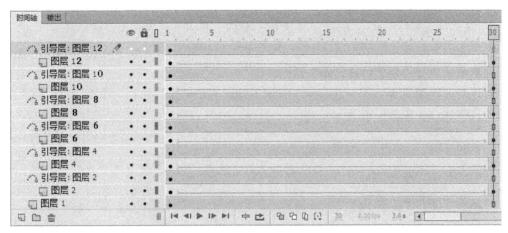

图 2-6-16　创建引导层动画

23．保存文件，按【Ctrl+Enter】组合键测试影片。

案例五十六　放风筝

87．案例五十六
放风筝

二维码微课：扫一扫，学一学。扫一扫二维码，观看本案例微课视频。

案例说明：本案例制作一个小朋友放风筝的动画，主要通过逐帧与引导层相结合的方法来制作动画。

光盘文件：源文件与素材\案例五十六\放风筝.fla。

案例制作步骤：

1．新建一个 Flash 文档，执行"修改"→"文档"命令，打开"文档设置"对话框，在对话框中将"舞台大小"设置为 500 像素×690 像素、"帧频"设置为"5"fps，完成后单击【确定】按钮。

2．执行"文件"→"导入到舞台"命令，将"源文件与素材\案例五十六放风筝"中的"背景"素材导入到舞台中，按【Ctrl+K】组合键，调出对齐面板，勾选"与舞台对齐"选项并使图片水平垂直居中于舞台。

3．新建"图层 2"，在"图层 2"的第 1 帧上执行"文件"→"导入到舞台"命令，将"源文件与素材\案例五十六\放风筝"中的"小女孩"素材导入到舞台中并调整至合适位置。

4．新建"图层 3"，在"图层 3"的第 1 帧上执行"文件"→"导入到舞台"命令，将"源文件与素材\案例五十六\放风筝"中的"风筝"素材导入到舞台中并调整至合适位置。

5．在"图层 1"和"图层 2"的第 30 帧分别按【F5】键，插入帧。在"图层 3"的第 30 帧，按【F6】键，插入关键帧。

6．选中"图层 3"，单击鼠标右键，在弹出的快捷菜单中选择"添加传统运动引导层"命令。

7．选中"引导层：图层 3"的第 1 帧，使用铅笔工具在工作区中随意绘制一条不闭合的路径。如图 2-6-17 所示。

8．拖动"图层 3"第 1 帧中的"风筝"素材，并使其中心对齐到路径的一端。

9．拖动"图层 3"第 30 帧中的"风筝"素材，并使其中心对齐到路径的另一端。

10．选中"图层 3"，然后在"图层 3"的第 1 帧与第 30 帧之间单击鼠标右键，在弹出的快捷菜单中选择"创建传统补间"命令。

11．新建"图层 5"，在"图层 4"的第 1 帧，用钢笔工具绘制一条连接小女孩手部与风筝的风筝线。如图 2-6-18 所示。

图 2-6-17　绘制一条不闭合的路径　　　　图 2-6-18　绘制连接小女孩手部与风筝的风筝线

12．在"图层 4"的第 2 帧，按【F6】键，插入关键帧。用任意变形工具适当调整风筝线的连接部位。

13．在"图层 5"的第 3 帧，按【F6】键，插入关键帧。用任意变形工具适当调整风筝线的连接部位。

14．在"图层 5"的第 4～30 帧，依次下【F6】键，插入关键帧。用任意变形工具适当调整将风筝线连接好小女孩手部与风筝，如图 2-6-19 所示。

图 2-6-19　将风筝线连接好小女孩手部与风筝

15．保存文件，然后按【Ctrl+Enter】组合键测试影片。

88.案例五十七
梦幻泡泡

案例五十七　梦幻泡泡

二维码微课： 扫一扫，学一学。扫一扫二维码，观看本案例微课视频。

案例说明： 本案例使用了引导层与图形元件来共同制作一个大象吹泡泡的动画。

光盘文件： 源文件与素材\案例五十七\梦幻泡泡.fla。

案例制作步骤：

1．新建一个 Flash 文档，执行"修改"→"文档"命令，打开"文档设置"对话框，在对话框中将"舞台大小"设置为 500 像素×600 像素、"帧频"设置为"8"fps，完成后单击【确定】按钮。

2．执行"文件"→"导入到舞台"命令，将"源文件与素材\案例五十七\梦幻泡泡"中的"背景"素材导入到舞台中，按【Ctrl+K】组合键调出对齐面板，勾选"与舞台对齐"选项并使图片水平垂直居中于舞台。

3．新建"图层 2"，在"图层 2"的第 1 帧上执行"文件"→"导入到舞台"命令，将"源文件与素材\案例五十七\梦幻泡泡"中的"大象"素材导入到舞台中并调整至合适位置，如图 2-6-20 所示。

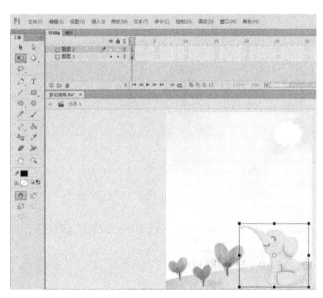

图 2-6-20　导入"大象素材"

4．执行"插入菜单"→"新建元件"命令，打开"创建新元件"对话框，在"名称"文本框中输入元件的名称"泡泡 1"，在"类型"下拉列表中选择"图形"选项。完成后单击【确定】按钮，如图 2-6-21 所示。

5．在图形元件"泡泡 1"的编辑状态下，单击椭圆工具，执行"窗口"→"颜色"命令，调出"颜色"面板，设置填充颜色类型为"径向渐变"、颜色为"透明到红色"的渐变，如图 2-6-22 所示。

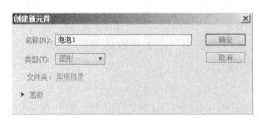

图 2-6-21　"创建新元件"对话框

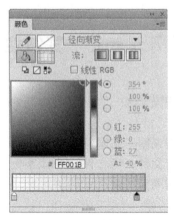

图 2-6-22　设置填充颜色类型

6．在舞台中按住【Shift】键拖动鼠标绘制出一个正圆，并在"属性"面板中设置图的"宽"和"高"都为"40"，如图 2-6-23 所示。

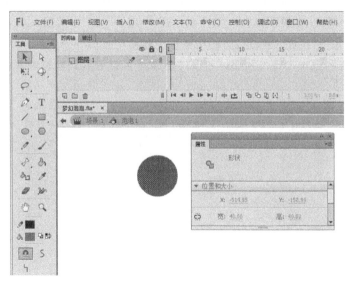

图 2-6-23　绘制出一个正圆

7．调开"库"面板，选中"泡泡 1"图形元件，单击鼠标右键，执行"直接复制"命令，如图 2-6-24 所示。

8．在弹出的"直接复制元件"对话框中，在"名称"文本框中输入元件的名称"泡泡2"。完成后单击【确定】按钮。

9．在图形元件"泡泡 2"的编辑状态下，单击椭圆工具，执行"窗口"→"颜色"命令，调出"颜色"面板，设置填充颜色类型为"径向渐变"、颜色为"蓝色到透明"的渐变。

10．复调开"库"面板，选中"泡泡 2"图形元件，单击鼠标右键，执行"直接复制"命令。

11．在弹出的"直接复制元件"对话框中，在"名称"文本框中输入元件的名称"泡泡 3"。完成后单击【确定】按钮。

12. 在图形元件"泡泡 3"的编辑状态下，单击椭圆工具，执行"窗口"→"颜色"命令，调出"颜色"面板，设置填充颜色类型为"径向渐变"、颜色为"透明到绿色"的渐变。

13. 复制多个"图形元件"，并更改其颜色。如图 2-6-25 所示。

图 2-6-24　执行"直接复制"命令　　　　　　　　图 2-6-25　多个图形元件

14. 新建"图层 3"，从"库"面板里将图形元件"泡泡 1"拖入工作区中，并调整放置到合适位置，如图 2-6-26 所示。

图 2-6-26　将图形元件"泡泡 1"拖入工作区中

15．在"图层 1"和"图层 2"的第 30 帧分别按【F5】键，插入帧。在"图层 3"的第 30 帧，按【F6】键，插入关键帧。

16．新选中"图层 3"，单击鼠标右键，在弹出的快捷菜单中选择"添加传统运动引导层"命令。

17．选中"引导层：图层 3"的第 1 帧，使用铅笔工具在工作区中随意绘制一条不闭合的路径。如图 2-6-27 所示。

图 2-6-27　绘制一条不闭合的路径

18．拖动"图层 3"第 1 帧中的"泡泡 1"素材，并使其中心对齐到路径的一端。

19．在"图层 3"的第 30 帧上按【F6】键，插入关键帧。拖动"图层 3"第 30 帧中的"泡泡 1"素材，并使其中心对齐到路径的另一端。

20．选中"图层 3"，然后在"图层 3"的第 1 帧与第 30 帧之间单击鼠标右键，在弹出的快捷菜单中选择"创建传统补间"命令。

21．新建"图层 5"，将整个图层适当向后移动几帧，并从"库"面板里将图形元件"泡泡 2"拖入工作区中，并调整放置到合适位置。

22．选中"图层 5"，单击鼠标右键，在弹出的快捷菜单中选择"添加传统运动引导层"命令。

23．选中"引导层：图层 5"的第 1 帧，使用铅笔工具在工作区中随意绘制一条不闭合的路径。

24．拖动"图层 5"第 1 帧中的"泡泡 2"素材，并使其中心对齐到路径的一端。

25．在"图层 5"的第 30 帧上按【F6】键，插入关键帧。拖动"图层 4"第 30 帧中的"泡泡 2"素材，并使其中心对齐到路径的另一端。

26．选中"图层 5"，然后在"图层 5"的第 1 帧与第 30 帧之间单击鼠标右键，在弹出的快捷菜单中选择"创建传统补间"命令。

27. 新建多个图层，并按照之前的方法将图形元件分别拖动到工作区，并分别新建引导层，绘制路径。

28. 选中最上方图层的最后一帧，分别在"图层 1"和"图层 2"的对应帧处按【F5】键，插入帧，如图 2-6-28 所示。

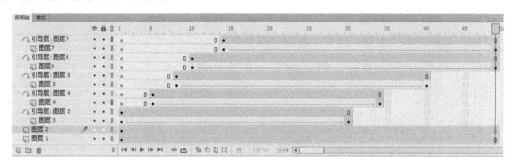

图 2-6-28　插入帧

29. 保存文件，然后按【Ctrl+Enter】组合键测试影片。

案例五十八　立春

89. 案例五十八
立春

二维码微课：扫一扫，学一学。扫一扫二维码，观看本案例微课视频。

案例说明：本案例通过逐帧动画与创建引导层相结合的方法来编辑制作立春的动画效果。

光盘文件：源文件与素材\案例五十八\立春.fla。

案例制作步骤：

1. 新建一个 Flash 文档，执行"修改"→"文档"命令，打开"文档设置"对话框，在对话框中将"舞台大小"设置为 500 像素×750 像素、"帧频"设置为"2"fps，完成后单击【确定】按钮。

2. 执行"文件"→"导入到舞台"命令，将"源文件与素材\案例五十八\立春"中的"背景"素材导入到舞台中。

3. 新建"图层 2"，执行"文件"→"导入到舞台"命令，将"源文件与素材\案例五十八\立春"中的"柳枝 1"素材导入到舞台中，并用任意变形工具将柳枝调整到合适大小，如图 2-6-29 所示。

4. 在"图层 2"的第 2 帧，按【F6】键，插入关键帧，用任意变形工具适当旋转并调整柳枝。

5. 在"图层 2"的第 3 帧和第 4 帧，分别按【F6】键，插入关键帧，用任意变形工具适当旋转并调整柳枝。

6. 分别复制"图层 2"的第 3 帧、第 2 帧和第 1 帧，在"图层 2"的第 5 帧、第 6 帧和第 7 帧分别按【F6】键，插入关键帧并分别将复制好的帧粘贴至"图层 2"的第 5 帧、第 6 帧和第 7 帧。在"图层 1"的第 7 帧分别按【F5】键,插入帧。

图 2-6-29　导入"柳枝 1"素材

7. 新建"图层 3",执行"文件"→"导入到舞台"命令,将"源文件与素材\案例五十八\立春"中的"柳枝 2"素材导入到舞台中,用任意变形工具将柳枝调整到合适大小。

8. 在"图层 3"的第 2 帧,按【F6】键,插入关键帧,用任意变形工具适当旋转并调整柳枝。

9. 在"图层 3"的第 3 帧和第 4 帧,分别按【F6】键,插入关键帧,用任意变形工具适当旋转并调整柳枝。分别复制"图层 3"的第 3 帧、第 2 帧、和第 1 帧,在"图层 3"的第 5 帧、第 6 帧和第 7 帧分别按【F6】键,插入关键帧,并分别将复制好的帧粘贴至"图层 3"的第 5 帧、第 6 帧和第 7 帧,如图 2-6-30 所示。

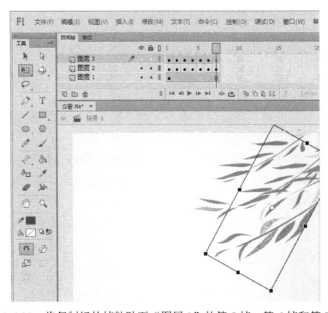

图 2-6-30　将复制好的帧粘贴至"图层 3"的第 5 帧、第 6 帧和第 7 帧

10．多新建几个图层，将素材"柳枝3"、"柳枝4"和"柳枝5"分别导入图层，再按之前的方法复制多个帧。

11．新建"图层6"，执行"文件"→"导入到舞台"命令，将"源文件与素材\案例五十八\立春"中的"燕子1"素材导入到舞台中，并用任意变形工具将燕子调整到合适大小放置到舞台左侧边缘，如图2-6-31所示。

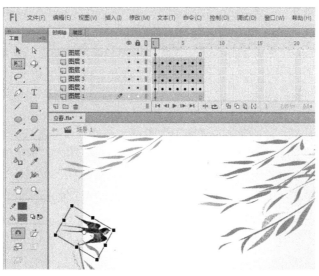

图2-6-31　导入"燕子1"素材

12．选中"图层6"，单击鼠标右键，在弹出的快捷菜单中选择"添加传统运动引导层"命令。

13．选中"引导层：图层6"的第1帧，使用铅笔工具在工作区中随意绘制一条不闭合的路径。如图2-6-32所示。

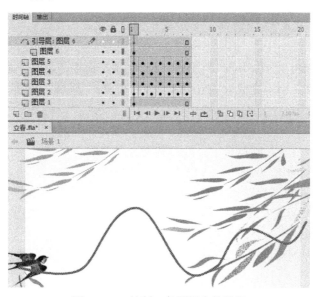

图2-6-32　绘制一条不闭合的路径

14．拖动"图层6"第1帧中的"燕子"素材，并使其中心对齐到路径的一端。

15. 在"图层 6"的第 7 帧上按【F6】键,插入关键帧。拖动"图层 6"第 7 帧中的"燕子"素材,并使其中心对齐到路径的另一端。

16. 选中"图层 6",然后在"图层 6"的第 1 帧与第 7 帧之间单击鼠标右键,在弹出的快捷菜单中选择"创建传统补间"命令。

17. 新建"图层 8",执行"文件"→"导入到舞台"命令,将"源文件与素材\案例五十八\立春"中的"燕子 2"素材导入到舞台中,并用任意变形工具将燕子调整到合适大小并放置到舞台左上侧边缘。

18. 选中"图层 8",单击鼠标右键,在弹出的快捷菜单中选择"添加传统运动引导层"命令。

19. 选中"引导层:图层 8"的第 1 帧,使用铅笔工具在工作区中随意绘制一条不闭合的路径。

20. 拖动"图层 8"第 1 帧中的"燕子"素材,并使其中心对齐到路径的一端。

21. 在"图层 8"的第 7 帧上按【F6】键,插入关键帧。拖动"图层 8"第 7 帧中的"燕子"素材,并使其中心对齐到路径的另一端。

22. 选中"图层 8",然后在"图层 7"的第 1 帧与第 7 帧之间单击鼠标右键,在弹出的快捷菜单中选择"创建传统补间"命令。

23. 保存文件,然后按【Ctrl+Enter】组合键测试影片。

案例五十九　繁忙的交通

90. 案例五十九
繁忙的交通

二维码微课:扫一扫,学一学。扫一扫二维码,观看本案例微课视频。

案例说明:本案例通过创建引导层及创建补间动画来制作繁忙的交通引导层动画效果。
光盘文件:源文件与素材\案例五十九\繁忙的交通.fla。
案例制作步骤:

1. 新建一个 Flash 文档,执行"修改"→"文档"命令,打开"文档设置"对话框,在对话框中将"舞台大小"设置为 600 像素×800 像素、"帧频"设置为"8"fps,完成后单击【确定】按钮。

2. 执行"文件"→"导入到舞台"命令,将"源文件与素材\案例五十九\繁忙的交通"中的"交通路线"素材导入到舞台中,并调整至合适位置。

3. 在"图层 1"的第 20 帧,按【F5】键插入帧。

4. 按【F8】键,将图片转换为图形元件。

5. 在"图层 1"的第 5 帧,按【F6】键插入关键帧。选中"图层 1"第 5 帧的图形,执行"窗口"→"属性"命令,将色彩效果中的亮度适当降低。

6. 在"图层 1"的第 1 帧与第 5 帧之间单击鼠标右键,在弹出的快捷菜单中选择"创建传统补间"命令。

7. 在"图层 1"的第 10 帧、第 15 帧和第 20 帧分别按【F6】键,插入关键帧。分别选中"图层 1"的第 10 帧、第 15 帧和第 20 帧的图形,执行"窗口"→"属性"命令,将色彩效果中的亮度适当调高或降低。且在"图层 1"的第 5 帧与第 10 帧之间、第 10 帧与第 15 帧之间和第 15 帧与第 20 帧之间分别单击鼠标右键，在弹出的快捷菜单中选择"创建传统补间"命令。

8．新建"图层 2"，执行"文件"→"导入到舞台"命令，将"源文件与素材\案例五十九\繁忙的交通"中的"马路"素材导入到舞台中并调整至合适位置，如图 2-6-33 所示。

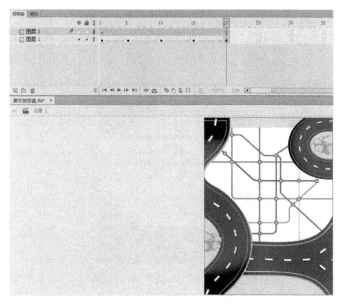

图 2-6-33　导入"马路"素材

9．新建"图层 3"，执行"文件"→"导入到舞台"命令，将"源文件与素材\案例五十九\繁忙的交通"中的"车 1"素材导入到舞台中，并用任意变形工具将"车"素材调整到合适大小并放置到舞台的合适位置，如图 2-6-34 所示。

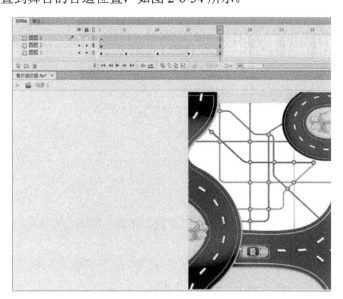

图 2-6-34　导入"车 1"素材

10．选中"图层 3"，单击鼠标右键，在弹出的快捷菜单中选择"添加传统运动引导层"命令。

11．选中"引导层：图层 3"的第 1 帧，使用钢笔工具在工作区中沿着马路的轨迹绘制一条不闭合的路径，如图 2-6-35 所示。

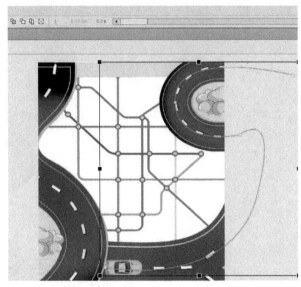

图 2-6-35　绘制一条不闭合的路径

12．拖动"图层 3"第 1 帧中的"车"素材，并使其中心对齐到路径的一端。

13．在"图层 3"的第 20 帧上按【F6】键，插入关键帧。拖动"图层 3"第 20 帧中的"车"素材，并使其中心对齐到路径的另一端，并可用任意变形工具适当调整其角度。

14．选中"图层 3"，然后在"图层 3"的第 1 帧与第 20 帧之间单击鼠标右键，在弹出的快捷菜单中选择"创建传统补间"命令。

15．在"图层 3"的第 1 帧上执行"窗口"→"属性"命令，并勾选补间选项中的"调整到路径"命令。

16．新建多个图层，导入"车 2"、"车 3"和"车 4"素材，按照之前的方法创建引导层动画。

17．保存文件，然后按【Ctrl+Enter】组合键测试影片。

案例六十　钓鱼

91．案例六十
钓鱼

二维码微课：扫一扫，学一学。扫一扫二维码，观看本案例微课视频。

案例说明：本案例通过创建引导层及创建补间动画来制作钓鱼引导层动画效果。
光盘文件：源文件与素材\案例六十\钓鱼.fla。
案例制作步骤：

1．新建一个 Flash 文档，执行"修改"→"文档"命令，打开"文档设置"对话框，在对话框中将"舞台大小"设置为 800 像素×483 像素、"帧频"设置为"8"fps，完成后单击【确定】按钮。

2．执行"文件"→"导入到舞台"命令，将"源文件与素材\案例六十\钓鱼"中的"背景"素材导入到舞台中并调整至合适位置。

3．在"图层 1"的第 25 帧，按【F5】键，插入帧。

4．新建"图层 2"，执行"文件"→"导入到舞台"命令，将"源文件与素材\案例六十\钓鱼"中的"鱼 1"素材导入到舞台中并调整至合适位置，如图 2-6-36 所示。

图 2-6-36　导入"鱼 1"素材

5．选中"图层 2"，单击鼠标右键，在弹出的快捷菜单中选择"添加传统运动引导层"命令。

6．选中"引导层：图层 2"的第 1 帧，使用钢笔工具在工作区绘制一条不闭合的路径，如图 2-6-37 所示。

图 2-6-37　绘制一条不闭合的路径

7．拖动"图层 2"第 1 帧中的"鱼"素材，并使其中心对齐到路径的一端。

8．在"图层 2"的第 25 帧上按【F6】键，插入关键帧。拖动"图层 2"第 25 帧中的"鱼"素材，并使其中心对齐到路径的另一端，并可用任意变形工具适当调整其角度。

9．选中"图层 2"，然后在"图层 2"的第 1 帧与第 25 帧之间单击鼠标右键，在弹出的快捷菜单中选择"创建传统补间"命令。

10．在"图层 2"的第 1 帧上执行"窗口"→"属性"命令，并勾选补间选项中的"调整到路径"命令。

11．新建"图层 4"，执行"文件"→"导入到舞台"命令，将"源文件与素材\案例六十\钓鱼"中的"鱼 2"素材导入到舞台中并调整至合适位置，如图 2-6-38 所示。

图 2-6-38　导入"鱼 2"素材

12．选中"图层 4"，单击鼠标右键，在弹出的快捷菜单中选择"添加传统运动引导层"命令。

13．选中"引导层：图层 4"的第 1 帧，使用钢笔工具在工作区绘制一条不闭合的路径。

14．将"图层 4"的"鱼"素材依照之前的方法调整对齐至引导层的线段上，并创建传统补间动画。

15．保存文件，然后按【Ctrl+Enter】组合键测试影片。

案例六十一　流水浮灯

92．案例六十一
流水浮灯

二维码微课：扫一扫，学一学。扫一扫二维码，观看本案例微课视频。

案例说明：本案例通过创建遮罩层、引导层及创建补间动画综合制作流水浮灯动画效果。

光盘文件：源文件与素材\案例六十一\流水浮灯.fla。

案例制作步骤：

1．新建一个 Flash 文档，执行"修改"→"文档"命令，打开"文档设置"对话框，在对话框中将"舞台大小"设置为 600 像素×800 像素、"帧频"设置为"4"fps，完成后单击【确定】按钮。

2．执行"文件"→"导入到舞台"命令，将"源文件与素材\案例六十一\流水浮灯"中的"背景"素材导入到舞台中并调整至合适位置。

3．在"图层 1"的第 20 帧，按【F5】键插入帧。

4．复制"图层 1"，并将复制的图层稍微向右移动几个像素距离。

5．新建"图层 2"，使用矩形工具在舞台中下方绘制一个无边框、填充色为任意色的矩形。然后按住【Alt】键不放，选中这个矩形并向下拖动，将矩形覆盖整个舞台下方，如图 2-6-39 所示。

图 2-6-39　矩形覆盖整个舞台下方

6．选中"图层 2"的第 20 帧，按【F6】键插入关键帧，并将所有矩形向下并适当向右移动几个像素，如图 2-6-40 所示。

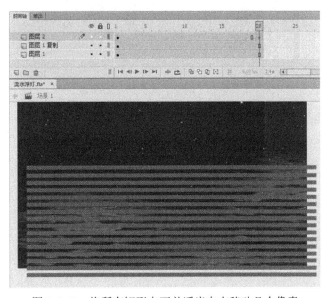

图 2-6-40　将所有矩形向下并适当向右移动几个像素

7．在"图层2"的第1帧与第20帧之间单击鼠标右键，在弹出的快捷菜单中选择"创建传统补间"命令。

8．在"图层2"上单击鼠标右键，在弹出的快捷菜单中选择"遮罩层"命令。

9．新建"图层3"，执行"文件→导入到舞台"命令，将"源文件与素材\案例六十一\流水浮灯"中的"花灯"素材导入到舞台中并调整至合适位置。

10．选中"图层3"，单击鼠标右键，在弹出的快捷菜单中选择"添加传统运动引导层"命令。

11．选中"引导层：图层3"的第1帧，使用钢笔工具在工作区绘制一条不闭合的路径，如图2-6-41所示。

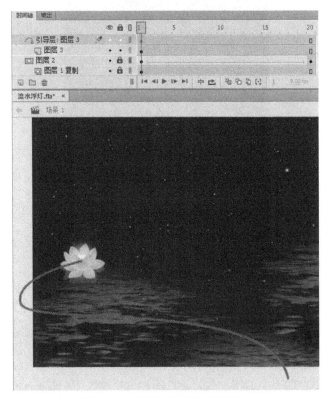

图2-6-41　绘制一条不闭合的路径

12．拖动"图层3"第1帧中的"花灯"素材，并使其中心对齐到路径的一端。

13．在"图层3"的第20帧上按【F6】键，插入关键帧。拖动"图层3"第20帧中的"花灯"素材，并使其中心对齐到路径的另一端，并可用任意变形工具适当调整其角度。

14．选中"图层3"，然后在"图层3"的第1帧与第20帧之间单击鼠标右键，在弹出的快捷菜单中选择"创建传统补间"命令。

15．新建多个图层，将多个素材导入到舞台中，并依照之前的方法制作花灯漂浮引导层及孔明灯升空引导层，如图2-6-42所示。

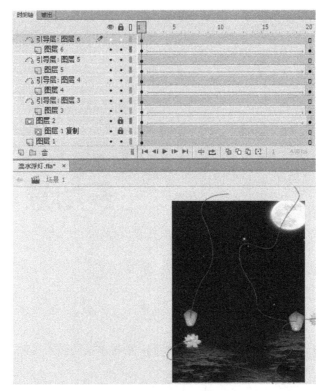

图 2-6-42 制作花灯漂浮引导层及孔明灯升空引导层

16．保存文件，按【Ctrl+Enter】组合键，欣赏本案例的完成效果。

项目七

多场景动画案例

案例六十二　制作按钮

二维码微课：扫一扫，学一学。扫一扫二维码，观看本案例微课视频。

案例说明：本案例制作一个圆形播放按钮或停止按钮，将学习运用"径向渐变"填充、"椭圆工具"等来制作按钮。

93. 案例六十二
制作按钮

光盘文件：源文件与素材\案例六十二\制作按钮.fla。

案例制作步骤：

1. 新建一个影片文档，设置影片的尺寸为宽 550 像素、高 400 像素，背景色为白色，以"制作按钮.fla"为文件名保存。

2. 执行"插入"→"新建元件"命令，选择"按钮"类型。单击"椭圆工具"，在第 1 帧"弹起"中绘制一个无边框的椭圆。单击"属性"面板，设置宽为 75 像素，高为 75 像素，填充色为"默认色板"自带的"绿色径向渐变"。

3. 在第 2 帧"指针经过"插入关键帧，填充色为"默认色板"自带的"红色径向渐变"；在第 3 帧"按下"插入关键帧，填充色为"默认色板"自带的"灰色径向渐变"。

4. 单击"新建图层"，选定"多角星形工具"，单击"属性"面板中的"工具设置"选项，弹出"工具设置"对话框，在"样式"下拉列表中选择"多边形"，在"边数"框中输入"3"，画一个无边框的三角形，设置三角形的颜色值为#006600，调整三角形的位置，使三角形的一边竖着。接着调整三角形和图层 1 的"椭圆"的位置关系，使三角形位于"椭圆"的中央。

5. 在第 2 帧"指针经过"插入关键帧，设置三角形的填充色为灰色，颜色值为#999999；在第 3 帧"按下"插入关键帧，设置三角形的填充色的颜色值为#FFFFFF。

6. 按钮元件制作完成，其时间轴图层如图 2-7-1 所示。将按钮元件从"库"中拖入"场景"中。

7. 按快捷键【Ctrl+S】保存 Flash 文件。按快捷键【Ctrl+Enter】可在播放窗口中测试按钮。

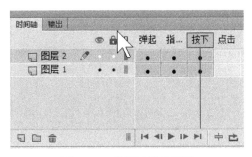

图 2-7-1　按钮时间轴图层

停止按钮和播放按钮的制作方法和过程一样,只要把图层2的三角形绘成矩形即可(或正方形)。

案例六十三　制作有声按钮

94. 案例六十三
制作有声按钮

二维码微课:扫一扫,学一学。扫一扫二维码,观看本案例微课视频。

　　案例说明:本案例制作一个圆角矩形按钮,并给按钮加文字和声音,将学习运用声音的导入与应用等来制作有声按钮。

　　光盘文件:源文件与素材\案例六十三\制作有声按钮.fla,爆炸.mp3。

　　案例制作步骤:

　　1. 新建一个影片文档,设置影片的尺寸为宽550像素、高400像素,背景色为白色,以"制作有声按钮.fla"为文件名保存。

　　2. 执行"插入"→"新建元件"命令,单击"基本矩形工具",在第1帧"弹起"中绘制一个无边框的圆角矩形,用"选取工具"调整圆角矩形的圆角,使圆角矩形两端呈半圆。设置圆角矩形的颜色值为#006600。

　　3. 在第2帧"指针经过"插入关键帧,设置圆角矩形的颜色值为#FF0000;在第3帧"按下"插入关键帧,设置圆角矩形的颜色值为#666666。

　　4. 单击"新建图层",在图层2单击"椭圆工具",按【Shift】键画"圆",设置"圆"的颜色值为# FFFF00。调整"圆"和图层1的"圆角矩形"的位置关系,使"圆"位于"圆角矩形"的左端。

　　5. 单击"新建图层",在图层3单击"文本工具",单击"属性"面板,设置字体为宋体,字号为20磅,输入文字"有声按钮",设置文字"有声按钮"的颜色值为# FFFFFF。

　　6. 执行"文件"→"导入"→"导入到库"命令,弹出"导入"对话框,选中"爆炸.MP3",单击"打开"按钮,将其导入到库中。

　　7. 选定图层3,单击"新建图层",在图层4的第1帧"弹起"中有一空白关键帧,在图层4的第2帧"指针经过"中插入空白关键帧,在图层4的第3帧"按下"中插入空白关键帧。

　　8. 选定图层4的第2帧"指针经过",用鼠标从库中拖出"爆炸.MP3"。

　　9. 按钮元件制作完成,其时间轴图层如图2-7-2所示。将按钮元件从"库"中拖入"场景"中。

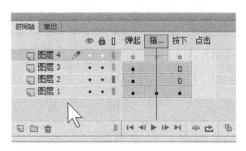

图 2-7-2　按钮元件时间轴图层

10．保存文件。按组合键【Ctrl+Enter】在播放窗口中测试。

案例六十四　多场景动画

95. 案例六十四
多场景动画

二维码微课：扫一扫，学一学。扫一扫二维码，观看本案例微课视频。

案例说明：本案例制作出多场景动画，用按钮控制动画的播放，将学习运用"按钮"、帧"动作"、"代码片断"等知识点进行综合操作。

光盘文件：源文件与素材\案例六十四\多场景动画.fla、指针画圆.fla、制作有声按钮.fla、制作按钮.fla、游船.fla。

案例制作步骤：

1．打开"指针画圆.fla"Flash 文档，再以"多场景动画.fla"名称保存。

2．打开"制作有声按钮.fla"Flash 文档，打开"库"面板，选定元件"按钮 1"，右击，在打开的快捷菜单中选择"复制"，打开"多场景动画.fla"文档的"库"面板，在"库"面板右击，在打开的快捷菜单中选择"粘贴"，把元件"按钮 1"粘贴到"库"中。

3．打开"制作按钮.fla"Flash 文档，打开"库"面板，选定元件"按钮 2""按钮 3"，右击，在打开的快捷菜单中选择"复制"，打开"多场景动画.fla"文档的"库"面板，在"库"面板右击，在打开的快捷菜单中选择"粘贴"，把元件"按钮 2""按钮 3"粘贴到"库"中。

4．选定"多场景动画.fla"文档的图层 3，单击"新建图层"，得到图层 4，在图层 4 的第 20 帧插入空白关键帧。选择图层 4 的第 20 帧空白关键帧，右击，在打开的快捷菜单中选择"动作"，在"动作"面板的程序编辑窗口中输入"stop();"语句。同样选定图层 4 的第 1 帧空白关键帧，右击，在打开的快捷菜单中选择"动作"，在"动作"面板的程序编辑窗口中输入"stop();"语句，如图 2-7-3 所示。

5．打开"多场景动画.fla"Flash 文档，打开"库"面板，选定元件"按钮 1"，右击，在打开的快捷菜单中选择"编辑"，把元件"按钮 1"上的"文字"改为"转场"，返回场景。

6．选定"多场景动画.fla"文档的图层 4，新建图层，得到图层 5，选择图层 5，打开"库"面板，选定元件"按钮 1""按钮 2""按钮 3"，全部拖到图层 5，调整 3 个按钮大小和位置。

图 2-7-3　帧"动作"面板

7．选定图层 5 舞台上的"按钮 2"，打开"属性"面板，把"实例名称"命名为"播放"。选择"播放"实例，打开"代码片断"动作面板，选择"ActionScript"/"时间轴导航"/"单击以转到帧并播放"，在"代码片断"面板的程序编辑窗口中出现语句，找到"gotoAndPlay(5)"，改为"play(5)"，再把括号中的"5"删去，如图 2-7-4 所示。

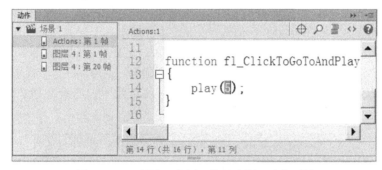

图 2-7-4　"播放"实例"代码片断"动作面板

8．选定图层 5 舞台上的"按钮 3"，打开"属性"面板，把"实例名称"命名为"停止"。选择"停止"实例，打开"代码片断"动作面板，选择"ActionScript"/"时间轴导航"/"单击以转到帧并停止"，在"代码片断"面板的程序编辑窗口中出现语句，找到"gotoAndStop(5)"，改为"stop(5)"，再把括号中的"5"删去，如图 2-7-5 所示。

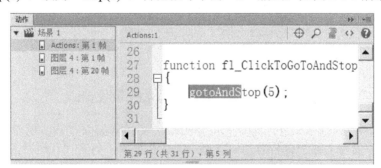

图 2-7-5　"停止"实例"代码片断"动作面板

9．打开"游船.fla"Flash 文档，选定 2 个图层的 1～125 帧，右击，在打开的快捷菜单中选择"复制帧"，打开"多场景动画.fla"文档，再打开"场景"面板，单击"添加场景"，选定场景 2 的第 1 帧，右击，在打开的快捷菜单中选择"粘贴帧"。

10．选定"多场景动画.fla"文档场景 2 的图层 1，单击"新建图层"得到图层 3，在图层 3 的第 125 帧插入空白关键帧。选择图层 3 的第 125 帧空白关键帧，右击，在打开的快捷菜单中选择"动作"，在"动作"面板的程序编辑窗口中输入"stop();"语句。同样选定图层 3 的第 1 帧空白关键帧，右击，在打开的快捷菜单中选择"动作"，在"动作"面板的程序编辑窗口中输入"stop();"语句。

11．选定"多场景动画.fla"文档场景 2 的图层 3，新建图层得到图层 4，选择图层 4，打开"库"面板，选定元件"按钮 1""按钮 2""按钮 3"，将其全部拖到图层 4，调整 3 个按钮大小和位置。

12．选定图层 4 舞台上的"按钮 2"，打开"属性"面板，把"实例名称"命名为"bf"。选择"bf"实例，打开"代码片断"动作面板，选择"ActionScript"/"时间轴导航"/"单击以转到帧并播放"，在"代码片断"面板的程序编辑窗口中出现语句，找到"gotoAndPlay(5)"，改为"play(5)"，并把括号中的"5"删去。

13．选定图层 4 舞台上的"按钮 3"，打开"属性"面板，把"实例名称"命名为"tz"。选择"tz"实例，打开"代码片断"动作面板，选择"ActionScript"/"时间轴导航"/"单击以转到帧并停止"，在"代码片断"面板的程序编辑窗口中出现语句，找到"gotoAndStop(5)"，改为"stop(5)"，把括号中的"5"删去。

14．选定"多场景动画.fla"文档场景 1 的图层 5，选定舞台上的"按钮 1"，打开"属性"面板，把"实例名称"命名为"转场"。选择"转场"实例，打开"代码片断"动作面板，选择"ActionScript"/"时间轴导航"/"单击以转到下一场景并播放"，如图 2-7-6 所示。

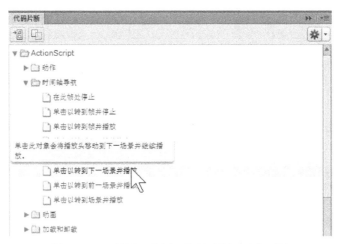

图 2-7-6　"转场"实例"代码片断"动作面板

15．选定"多场景动画.fla"文档场景 2 的图层 4，选定舞台上的"按钮 1"，打开"属性"面板，把"实例名称"命名为"zc"。选择"zc"实例，打开"代码片断"动作面板，选择"ActionScript"/"时间轴导航"/"单击以转到前一场景并播放"。

16．保存文件。按【Ctrl+Enter】组合键在播放窗口中播放动画。

模块三

动画制作提高篇

Action 动画

案例六十五　大雪纷飞

二维码微课：扫一扫，学一学，扫一扫二维码，观看本案例微课视频。

案例说明：ActionScript 是 Flash Player 运行环境的编程语言，主要应用于 Flash 动画和 Flex 应用的开发。ActionScript 实现了应用程序的交互、数据处理和程序控制等诸多功能。ActionScript 的执行是通过 Flash Player 中的 ActionScript 虚拟机（ActionScript Virtual Machine）实现的。ActionScript 代码执行时与其他资源及库文件一同编译为 SWF 文件在 Flash Player 中运行。

最初在 Flash 中引入 ActionScript 的目的是为了实现对 Flash 影片播放的控制，而 ActionScript 发展到今天 3.0 的版本，已经广泛应用到了多个领域，能够实现丰富的应用功能。ActionScript 3.0 与 Flash CC 2015 相结合，可以创建很多种应用特效，实现丰富多彩的动画效果，使 Flash 创建的动画更具人性化。

在 Flash CC 中添加 Action 动画脚本的方法可分为：

（1）使用模板自动生成动画脚本

（2）使用代码片断添加动画脚本

（3）在动作面板中手动输入动画脚本

本案例使用 Flash CC 模板功能创建雪景脚本，然后将背景图导入到舞台，最后通过修改 ActionScript 3.0 脚本制作"大雪纷飞"的特效。

光盘文件："源文件与素材\案例六十五\大雪纷飞.fla"。

案例制作步骤：

1. 新建雪景脚本文档。单击"文件"→"新建"命令，在对话框中选择"模板"选项卡，然后在列表框中选择"动画"→"雪景脚本"，如图 3-1-1 所示，单击【确定】按钮，完成脚本文档的创建，保存文件名为"大雪纷飞.fla"。

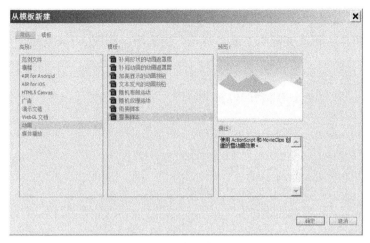

图 3-1-1　"从模板新建"对话框

2．导入图像。在时间轴上选择"背景"图层上的关键帧，然后执行"文件→导入→导入到舞台"命令，将"源文件与素材\案例六十五"中的"背景.png"文件导入到舞台，时间轴如图 3-1-2 所示。

3．右击"动作"图层带有"a"图标的关键帧，在弹出的快捷菜单中选择"动作"命令，在弹出的"动作"面板中可对脚本中"雪花"的大小和数量进行修改，如图 3-1-3 所示。

图 3-1-2　自动生成文件时间轴

图 3-1-3　打开"动作"面板快捷菜单

4. 修改代码。修改"动作"面板中第 2 行的"100",可改变随机生成"雪花"的数量,修改第 23 行的"5",可改变随机生成"雪花"的大小,如图 3-1-4 所示。

```
动作:1                                              ⊕ ♪
1    // Number of symbols to add.
2    const NUM_SYMBOLS:uint = 100;
3
4    var symbolsArray:Array = [];
5    var idx:uint;
6    var flake:Snow;
7
8    for (idx = 0; idx < NUM_SYMBOLS; idx++) {
9        flake = new Snow();
10       addChild(flake);
11       symbolsArray.push(flake);
12       // Call randomInterval() after 0 to a given ms.
13       setTimeout(randomInterval, int(Math.random() * 10000), flake);
14   }
15
16   function randomInterval(target:Snow):void {
17
18       // Set the current Snow instance's x and y property
19       target.x = Math.random()* 550-50;
20       target.y = -Math.random() * 200;
21
22       //randomly scale the x and y
23       var ranScale:Number = Math.random() * 5;
24       target.scaleX = ranScale;
25       target.scaleY = ranScale;
26
```

图 3-1-4　雪花修改代码

5. 完成修改后,即可保存并发布查看效果。

案例六十六　风景相册

97. 案例六十六
风景相册

二维码微课: 扫一扫,学一学。扫一扫二维码,观看本案例微课视频。

案例说明: 本案例使用模板创建基于 ActionScript 3.0 的高级相册,并对 ActionScript 3.0 脚本进行适当修改制作完成。

光盘文件: "源文件与素材\案例六十六"。

案例制作步骤:

一、新建文档并导入背景音乐素材

1. 新建文档。执行"文件→新建→模板"命令,然后在模板对话框左边的列表框选择"媒体播放",并在中间的列表框中选择"高级相册",此时对话框的右边可看到预览图,如图 3-1-5 所示,完成后单击【确定】按钮,舞台如图 3-1-6 所示,时间轴如图 3-1-7 所示。

2. 导入背景音乐文件到库。执行"文件→导入→导入到库"命令,将"源文件与素材\案例六十六"中的"背景音乐.mp3"文件导入到库。

3. 添加背景音乐图层。选择"说明"图层,右击,在打开的快捷菜单中选择"插入图层"命令,然后将"图层 1"重命名为"背景音乐",时间轴如图 3-1-8 所示。

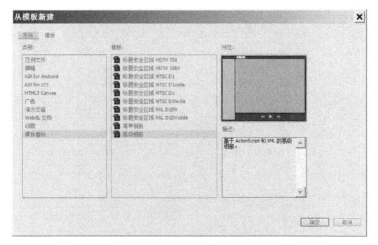

图 3-1-5 "从模板新建"创建"高级相册"对话框

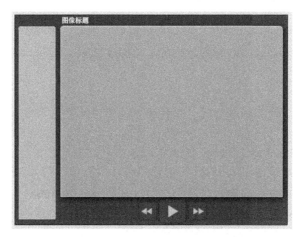

图 3-1-6 "高级相册"舞台效果

图 3-1-7 "高级相册"时间轴

图 3-1-8 背景音乐导入后时间轴

4．设置"背景音乐"图层的声音为"背景音乐.mp3"并循环播放。选择"背景音乐"图层，然后在"属性"面板的"名称"下拉列表中选择"背景音乐.mp3"，将"同步"改为"事件"，将"重复"改为"循环"，如图 3-1-9 所示。

图 3-1-9 "背景音乐"图层属性

二、修改代码

1. 选择"动作"图层，按下【F9】键打开动作面板。将第 10 行中的"Fade"修改为"Random"。

代码修改前为：

```
var transitionType:String = "Fade";
```

代码修改后为：

```
var transitionType:String = "Random";
```

2. 将第 11 行中<photos>后面的代码进行修改，代码修改前为：

```
"<photos><image title='Test 1'>image1.jpg</image><image title='Test
2'>image2.jpg</image><image title='Test 3'>image3.jpg</image><image
title='Test 4'>image4.jpg</image></photos>"
```

代码修改后为：

```
"<photos><image title='Test 1'>image1.jpg</image><image title='Test
2'>image2.jpg</image><image title='Test 3'>image3.jpg</image><image
title='Test 4'>image4.jpg</image><image title='Test
5'>image5.jpg</image><image title='Test 6'>image6.jpg</image><image
title='Test 7'>image7.jpg</image><image title='Test
8'>image8.jpg</image></photos>";"
```

三、保存文件名为"风景相册.fla"，并将图片文件复制到本文件所在目录中

1. 文件保存位置为"……/案例六十六风景相册/"文件夹中（路径可自选），文件名为"风景相册.fla"。

2. 将"源文件与素材\案例六十六"中的"image1.jpg,image2.jpg,……image8.jpg"图像文件复制到 fla 文件所保存的位置。

3. 按【Ctrl+Enter】组合键预览效果。

案例六十七　社会公益广告

二维码微课：扫一扫，学一学，扫一扫二维码，观看本案例微课视频。

案例说明：本案例使用"代码片断"功能在图层中插入 ActionScript 3.0 脚本，实现社会公益广告的暂停与播放。

光盘文件："源文件与素材\案例六十七\社会公益广告.fla"。

案例制作步骤：

1. 打开"源文件与素材\案例\社会公益广告（素材）.fla"文件，在 Actions 层的第 45 帧插入关键帧，其时间轴如图 3-1-10 所示。

图 3-1-10　"Actions"层插入关键帧时间轴

2. 选择 Actions 层的第 45 帧的空白关键帧，然后执行"窗口"→"代码片断"命令，如图 3-1-11 所示，在弹出的"代码片断"面板中选择"ActionScript"→"时间轴导航"→"单击此处停止"命令，如图 3-1-12 所示，实现影片到 45 帧时暂停，Actions 面板如图 3-1-13 所示。

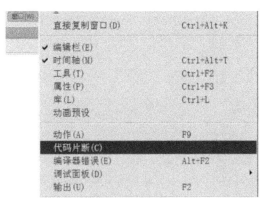

图 3-1-11　执行"代码片断"命令

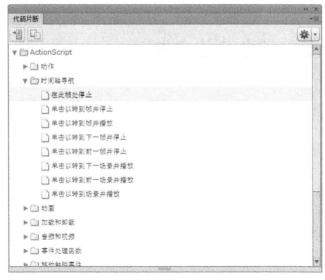

图 3-1-12　插入"在此帧处停止"代码片断

```
Actions:45
1
2      /* 在此帧处停止
3      Flash 时间轴将在插入此代码的帧处停止/暂停。
4      也可用于停止/暂停影片剪辑的时间轴。
5      */
6
7      stop();
```

图 3-1-13　动作面板中的代码

3．选择"play"图层中第 45 帧关键帧上的"播放"影片剪辑，然后在"代码片断"面板中选择"ActionScript"→"时间轴导航"→"单击以转到帧并播放"命令，在弹出的动作面板中，将"gotoAndPlay(5);"修改为"gotoAndPlay(46);"，如图 3-1-14 所示，实现单击"播放"按钮时，影片跳转到第 46 帧并继续播放影片。

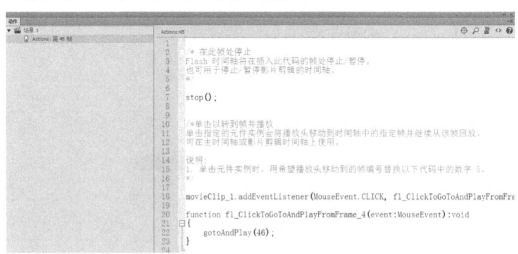

图 3-1-14　"play"图层添加的代码

4．按【Ctrl+Enter】组合键预览效果。

案例六十八　美丽家园

二维码微课：扫一扫，学一学，扫一扫二维码，观看本案例微课视频。

案例说明：本案例使用导入功能，将背景图导入到库中，然后利用 ActionScript 脚本制作出鼠标跟随文字的特效。

光盘文件："源文件与素材\案例六十八\美丽家园.fla"。

操作步骤：

一、新建文档并导入图像

1．新建文档。新建一个 ActionScript 3.0 的.fla 文档，并在对话框中将"舞台大小"设置为 500 像素×380 像素，将"帧频"设置为 25fps，完成后单击【确定】按钮，保存文件名为"美丽家园.fla"。

2．导入图像。执行"文件→导入→导入到库"命令，将"源文件与素材\案例六十八"中的"背景.jpg"文件导入到库。

3．将"图层 1"重命名为"背景"，并将库中的"背景.jpg"文件拖到舞台中间。

4．输入代码。新建"图层 2"并重命名为"as"，选中该图层的第 1 帧，执行"窗口"→"动作"命令，打开"动作"面板，添加如下代码，如图 3-1-15 所示。

```
var str:String="美丽家园";
var arr:Array =[];
var i:int;
var sp:Sprite=new Sprite();
addChild (sp);
for (i=0; i<str.length; i++)
{
 var mc:MovieClip =new MovieClip();
 sp.addChild (mc);
 mc.x=560 ;
 var txt:TextField =new TextField();
 txt.text=str.substr(i,1);
 mc.addChild (txt);
 mc.filters=[new DropShadowFilter(4,43, 0x00000,1,4,4,1,1)];
 var F:TextFormat = new TextFormat();
 F.size=30;
 F.color=0x00ffff;
 txt.setTextFormat (F);
 arr.push (mc);
}
addEventListener (Event.ENTER_FRAME,f);
function f (e:Event)
{
 arr[0].x+=(mouseX-10-arr[0].x)/10;
```

```
arr[0].y+=(mouseY-10-arr[0].y)/10;
for (i=1; i < arr.length; i++)
{
 arr[i].x+=(arr[i-1].x-arr[i].x)/10;
 arr[i].y+=(arr[i-1].y-arr[i].y)/10;
}
}
```

```
1   var str:String="美丽家园";
2   var arr:Array =[];
3   var i:int;
4   var sp:Sprite=new Sprite();
5   addChild (sp);
6   for (i=0; i<str.length; i++)
7   {
8    var mc:MovieClip =new MovieClip();
9    sp.addChild (mc);
10   mc.x=560 ;
11   var txt:TextField =new TextField();
12   txt.text=str.substr(i,1);
13   mc.addChild (txt);
14   mc.filters=[new DropShadowFilter(4,43, 0x00000,1,4,4,1,1)];
15   var F:TextFormat = new TextFormat();
16   F.size=30;
17   F.color=0x00ffff;
18   txt.setTextFormat (F);
19   arr.push (mc);
20   }
21   addEventListener (Event.ENTER_FRAME,f);
```

图 3-1-15 "as" 图层中输入的代码

5. 关闭"动作"面板，保存文件，按【Ctrl+Enter】组合键预览效果。

项目二

综合应用

案例六十九　控制小蜜蜂飞舞

100. 案例六十九
控制小蜜蜂飞舞

二维码微课：扫一扫，学一学，扫一扫二维码，观看本案例微课视频。

案例说明：本案例是一个通过按钮控制的交互式动画，用户通过单击【开始】或【停止】按钮来控制小蜜蜂在场景中是飞舞还是停止，整个案例的制作主要应用到按钮元件与ActionScript 3.0 技术等内容。

光盘文件："源文件与素材\案例六十九\控制小蜜蜂飞舞.fla"。

案例制作步骤：

一、新建文档并导入图像

1. 新建文档。新建一个 ActionScript 3.0 的.fla 文档，并保存为"控制小蜜蜂飞舞.fla"。

2. 导入图像。执行"文件→导入→导入到库"命令，将"源文件与素材\案例六十九"中的"背景.jpg"和"蜜蜂0001"和"蜜蜂0002"文件导入到库。

二、制作"开始"和"返回"按钮元件

1. 执行"插入"→"新建元件"命令，打开"创建新元件"对话框，"类型"选择"按钮"，并把元件命名为"开始"，如图 3-2-1 所示，单击【确定】按钮，进入新建元件的编辑界面。

图 3-2-1　"创建新元件"对话框

2. 在弹出帧制作【开始】按钮内容，如图 3-2-2 所示。

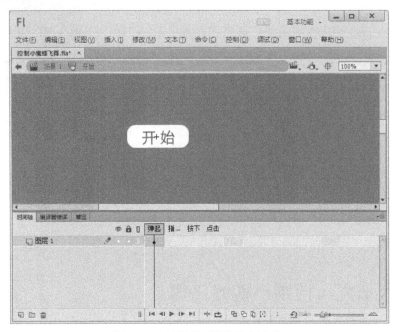

图 3-2-2　编辑【开始】按钮内容

3．用相同的方法，制作【停止】按钮。

三、制作蜜蜂影片剪辑元件

图 3-2-3　"创建新元件"对话框

1．执行"插入"→"新建元件"命令，在"创建新元件"对话框中，"类型"选择"影片剪辑"，并把元件命名为"蜜蜂"，如图 3-2-3 所示，单击【确定】按钮，进入新建元件的编辑界面。

2．选择第 1 个空白关键帧，然后从库面板中将"蜜蜂 0001.png"元件拉到元件编辑窗口。

3．在图层 1 第 2 帧的位置插入关键帧，然后从库面板中将"蜜蜂 0002.png"元件拉到元件编辑窗口，效果如图 3-2-4 所示，至此，"蜜蜂"元件制作完成。

图 3-2-4　编辑"蜜蜂"影片剪辑窗口

四、制作场景1中的内容

1．选择"场景" 图标，在下拉列表中选择"场景 1"命令，如图 3-2-5 所示，返回到场景 1 中。

图 3-2-5　选择"场景 1"

2．将图层 1 重命名为"背景"，然后在库面板中将图形元件"背景.jpg"拖到"舞台"中间（背景层的第一个关键帧），并在背景层的第 50 帧的位置插入帧，时间轴如图 3-2-6 所示。

图 3-2-6　场景 1 中"背景"图层时间轴

3．新建图层并命名为"蜜蜂飞舞"，然后选中第 1 关键帧，将库面板中的"蜜蜂"影片剪辑元件拖到舞台的左边，如图 3-2-7 所示。

图 3-2-7　"蜜蜂飞舞"图层中的"蜜蜂"实例位置

4．新建图层并重命名为"引导"，将其移动到"蜜蜂飞舞"图层上面，然后选择 "铅笔"工具，铅笔模式设置为"平滑"，在舞台中绘制小蜜蜂飞舞的曲线路径，如图 3-2-8 所示。

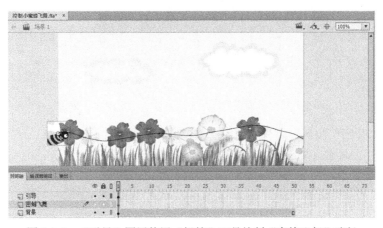

图 3-2-8　"引导"图层使用"铅笔"工具绘制"蜜蜂飞舞"路径

5. 将"引导"图层设置为"蜜蜂飞舞"的引导图,在"引导"图层的第 50 帧插入帧,在"蜜蜂飞舞"图层的第 50 帧插入关键帧。

6. 选择"蜜蜂飞舞"图层中的第 1 帧,将舞台上的蜜蜂拖到舞台中引导线的最左边,选择"蜜蜂飞舞"图层中的第 50 帧,然后插入关键帧,并将舞台上的蜜蜂拖到舞台中引导线的最右边,并在 1 到 50 帧之间适当调整蜜蜂的大小,如图 3-2-9 所示。

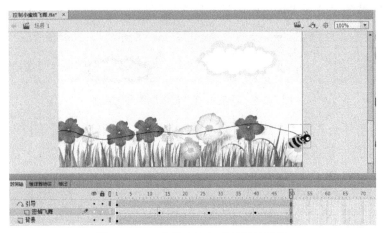

图 3-2-9 "蜜蜂飞舞"引导层的设置

7. 新建图层并命名为"按钮",然后选中第 1 关键帧,将库面板中的"开始"和"停止"按钮元件,拖到舞台的上方,如图 3-2-10 所示。

图 3-2-10 "按钮"图层中"开始"与"停止"按钮

8. 选中"开始"实例,将其命名为"play_btn",如图 3-2-11 所示。

提示:每个"按钮"实例的命名其实是为了更好地被 Action Script 3.0 引用,这容易被初学者忽略,但是它确实是至关重要的步骤。

9. 选中"停止"实例,将其命名为"stop_btn",如图 3-2-12 所示。

图 3-2-11 "开始"按钮实例命名　　　　　　图 3-2-12 "停止"按钮实例命名

四、添加 ActionScript 3.0 代码

1．新建图层并将其重命名为"控制"。

2．选择该图层第 1 帧，按【F9】键打开动作面板，然后在动作面添加如下代码，如图 3-2-13 所示。

```
Play_btn.addEventListener(MouseEvent.CLICK, playMovie);
Stop_btn.addEventListener(MouseEvent.CLICK, pauseMovie);
function playMovie(evt:MouseEvent):void{
play();
}
function pauseMovie(evt:MouseEvent):void{
stop();
}
```

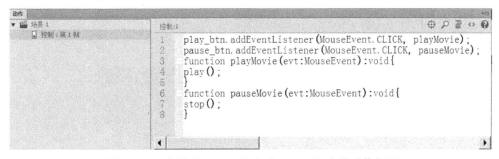

图 3-2-13 实例"play_btn"和"stop_btn"上的动作代码

3．按【Ctrl+Enter】组合键预览效果。

案例七十 心理小测试

101．案例七十心理小测试（1）　102．案例七十心理小测试（2）

二维码微课：扫一扫，学一学，扫一扫二维码，观看本案例微课视频。

案例说明：本案例是一个心理小测试的交互式动画，用户通过单击选项查看相应场景中的内容，然后再单击【返回】按钮回到测试主场景中继续操作，整个案例的制作主要应用到按钮元件与代码片段。

光盘文件："源文件与素材\案例七十\心理小测试.fla"。

案例制作步骤：

一、新建文档并导入图像

1．新建文档。新建一个 ActionScript 3.0 的.fla 文档，并保存为"心理小测试.fla"。

2．导入图像。执行"文件→导入→导入到库"命令，将"源文件与素材\案例七十"中的"背景.jpg"和"返回按钮.png"文件导入到库。

二、制作返回按钮元件

1．执行"插入"→"新建元件"命令，在"创建新元件"对话框中，"类型"选择"按钮"，并把元件命名为"返回按钮"，单击【确定】按钮，进入新建元件的编辑界面。

2．在"库"面板中，把图形元件"返回按钮.png"拖到"舞台"中间，然后选择"指针经过"帧，按【F6】键插入关键帧，并且选中"指针经过"帧中的图形，使用任意变形工具将其宽度和高度设置为"120%"，如图 3-2-14 所示。

3．使用相同的方法，将"按下帧"和"点击帧"的状态完成。

图 3-2-14　"返回"按钮元件编辑窗口

4．新建名为"按钮 A"的按钮元件，然后在新建元件的编辑界面，输入"A：山谷的小溪"内容，文字格式如图 3-2-15 所示，制作场景一中的 A 选项的按钮。

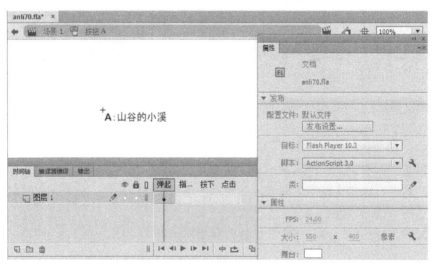

图 3-2-15　"按钮 A"按钮元件编辑窗口

5. 使用相同的方法制作场景一中的 B、C、D 选项的按钮，按钮名字分别为"按钮 B""按钮 C""按钮 D"，按钮中的内容分别为"B：海岸边""C：人工养鱼池""D：乘船出海去"。

四、制作场景

1. 制作场景 1

（1）选择场景 1，并将图层 1 重命名为"背景"，然后在库面板中将图形元件"背景.jpg"拖到"舞台"中间。

提示：为了在后面操作中影响到"背景图层"，可完成背景图层后将其锁定。

（2）在时间轴上新建图层并重命名为"标题"，然后输入如图 3-2-16 所示内容。

图 3-2-16 "场景 1"背景与标题图层编辑窗口

（3）在时间轴上新建图层并命名为"选项 A"，然后在库面板中将"按钮 A"按钮元件拉到场景中来，如图 3-2-17 所示。

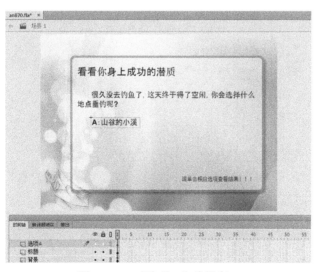

图 3-2-17 "选项 A"编辑窗口

（4）选择"选项 A"图层中的"实例"，并在属性面板中将其命名为"bottona"，如图 3-2-18 所示。

图 3-2-18　"按钮 A"属性对话框

提示：每个"按钮"实例的命名其实是为了更好地被 Action Script 3.0 引用，这容易被初学者忽略，但是它确实是至关重要的步骤。

（5）使用相同的方法创建"选项 B""选项 C""选项 D"三个图层，这三个图层中分别将"按钮 B"、"按钮 C"、"按钮 D"拉到场景中，且将三个实例分别命名为"bottonb""bottonc""bottond"，如图 3-2-19～图 3-2-21 所示。

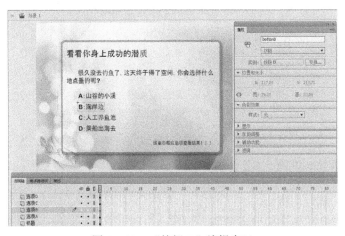

图 3-2-19　"按钮 B"编辑窗口

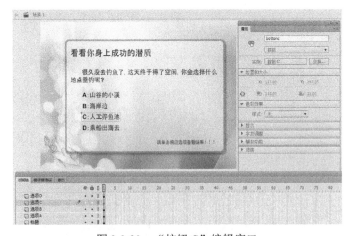

图 3-2-20　"按钮 C"编辑窗口

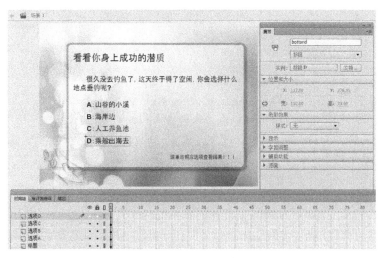

图 3-2-21 "按钮 D"编辑窗口

2. 制作场景 2

（1）执行"插入"→"场景"命令，在"场景 2"中将图层 1 重命名为"背景"，然后在库中将"背景.jpg"文件拉到场景中。

（2）在时间轴上新建图层并重命名为"文字"，并在此图层上输入如图 3-2-22 所示内容。

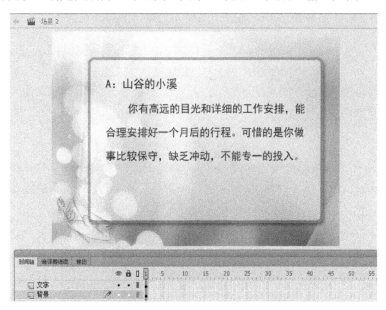

图 3-2-22 "场景 2"文字与背景图层编辑窗口

（3）在时间轴上新建图层并重命名为"返回按钮"图层，将"返回按钮"元件从库中拉到场景中，并且将场景中按钮实例命名为"返回按钮 2"，如图 3-2-23 所示。

（4）使用相同的方法制作场景 3、场景 4、场景 5，各场景完成后效果分别如图 3-2-24～图 3-2-26 所示。

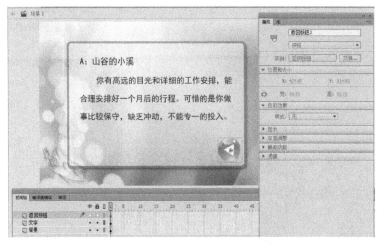

图 3-2-23　"场景 2"返回按钮图层编辑窗口

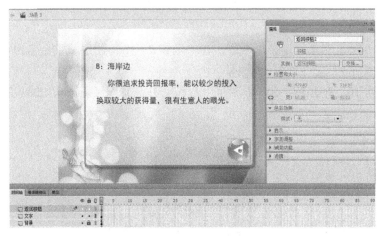

图 3-2-24　场景 3 编辑窗口

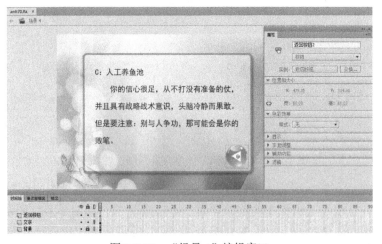

图 3-2-25　"场景 4"编辑窗口

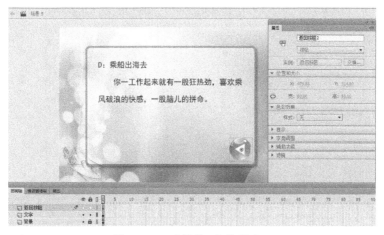

图 3-2-26   "场景 5"编辑窗口

三、添加 ActionScript 3.0，设置各场景间的交互

1．在"场景 1"中的"背景"图层上添加停止播放命令。

选择"场景 1"背景层中的第一个关键帧，然后按【F9】键，打开动作面板，并在动作面板中输入如图 3-2-27 所示的内容。

图 3-2-27   "背景"图层第一个关键帧上的代码

2．使用相同的方法分别在"场景 2""场景 3""场景 4""场景 5"中的"背景"图层添加停止播放命令。

3．为"场景 1"中"选项 A"图层里的"bottona"按钮实例添加跳转到"场景 2"的动作。

（1）选择"场景 1"中"选项 A"图层里的"bottona"按钮实例（"A 山谷的小溪"），单击动作面板右上角的 <> 图标，打开"代码片段"窗口。

（2）执行"ActionScript"→"时间轴导航"→"单击以转到场景并播放"命令，如图 3-2-28 所示。

（3）将代码"MovieClip(this.root).gotoAndPlay(1, "场景 3");"中的"场景 3"修改为"场景 2"，动作面板中则自动生成如图 3-2-29 所示代码。

4．用相同方法为"场景 1"中"选项 B"图层里的"bottonb"、"选项 C"图层里的"bottonc"、"选项 D"图层里的"bottond"实例分别添加跳转到"场景 3"、"场景 4"和"场景 5"的动作。

5．为"场景 2"中"返回按钮"图层里的"返回按钮 2"实例添加跳转到"场景 1"并停止播放的动作。

（1）选择"场景 2"中"返回按钮"图层里的"返回按钮 2"实例，然后按【F9】键，打开动作面板，并单击动作面板右上角的 <> 图标，打开"代码片段"窗口。

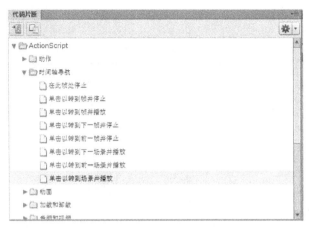

图 3-2-28 "选项 A"添加"代码片断"对话框

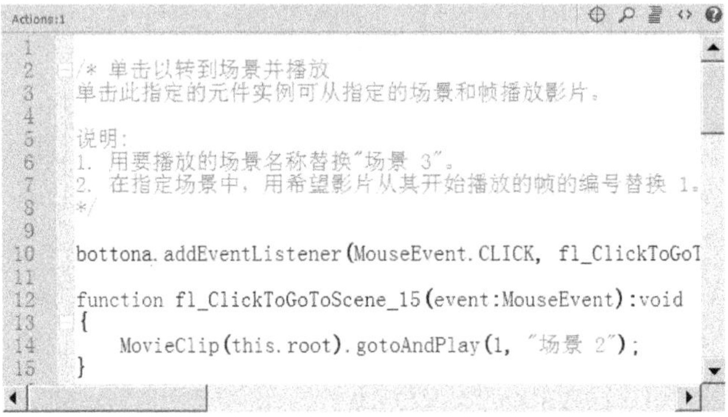

```
1
2   /* 单击以转到场景并播放
3   单击此指定的元件实例可从指定的场景和帧播放影片。
4
5   说明:
6   1. 用要播放的场景名称替换"场景 3"。
7   2. 在指定场景中，用希望影片从其开始播放的帧的编号替换 1。
8   */
9
10  bottona.addEventListener(MouseEvent.CLICK, fl_ClickToGoT
11
12  function fl_ClickToGoToScene_15(event:MouseEvent):void
13  {
14      MovieClip(this.root).gotoAndPlay(1, "场景 2");
15  }
```

图 3-2-29 "选项 B"添加"代码片断"后自动生成代码

（2）执行"ActionScript"→"时间轴导航"→"单击以转到场景并播放"命令，动作面板中则自动生成代码。

（3）将其中的"gotoAndPlay(1, "场景 3");"内容修改为"gotoAndStop(1, "场景 1");"如图 3-2-30 所示。

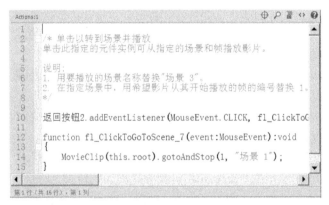

图 3-2-30 "场景 2"中"返回按钮 2"实例添加代码

6．用相同方法为"场景 3"、"场景 4"、"场景 5"中"返回按钮"图层里的"返回按钮 2"实例添加跳转到"场景 1"并停止播放的动作。

7．按【Ctrl+Enter】组合键预览效果。

案例七十一　新年贺卡

二维码微课： 扫一扫，学一学，扫一扫二维码，观看本案例微课视频。

103. 案例七十一
新年贺卡（1）

104. 案例七十一
新年贺卡（2）

105. 案例七十一
新年贺卡（3）

　　案例说明： 本案例通过综合应用元件、补间动画、逐帧动画、形状补间、按钮、音频、ActionScript 3.0 技术等内容，制作了一个具有充满欢乐吉祥气分的猪年贺卡，单击"猪年大吉"按钮时，则开启"新年贺卡"贺卡，展示贺卡内容。

　　光盘文件： "源文件与素材\案例七十一\新年贺卡.fla"。

　　案例制作步骤：

　　一、打开素材文档

　　打开"源文件与素材\案例\新年贺卡（素材）.fla"文档。

　　二、制作开幕场景

　　1．将"图层 1"重命名为"背景"，然后选择"背景"图层的第 1 个关键帧，并在"库"面板中将"猪年背景图.png"拖到舞台中并适当调整大小，如图 3-2-31 所示。

　　2．选择"背景"图层的第 120 帧并插入帧，如图 3-2-32 所示。

　　3．新建图层并重命名为"背景音乐"，将其移到"背景"图层的下方，在"背景音乐"图层的第 1 帧插入关键帧，然后将"库"面板中的"Sound/streamsound1"文件拖动到舞台中，如图 3-2-33 所示。

　　4．在"时间轴"面板依次新建"幕布上"、"幕布右"和"幕布左"三个图层，图层顺序如图 3-2-34 所示。

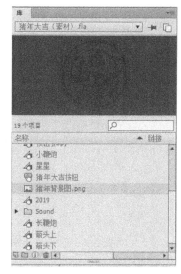

图 3-2-31　"库"面板中的
"猪年背景图.png"

图 3-2-32　插入帧

图 3-2-33　"背景音乐"图层时间轴

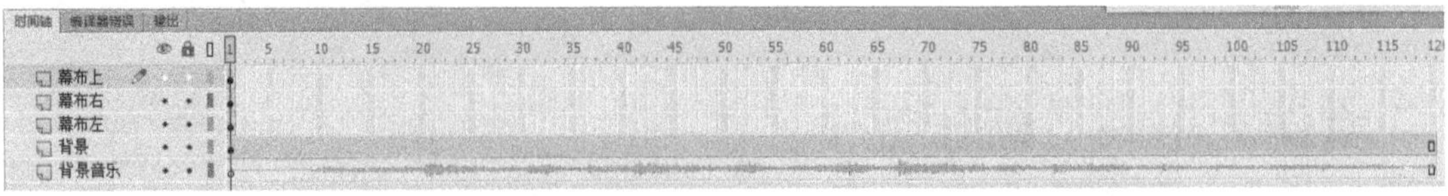

图 3-2-34 "幕布上"、"幕布右"和"幕布左"三个图层

5. 选择"幕布上"图层的第 1 个关键帧,将"库"面板中的"幕布上.png"文件拖到舞台中的适当位置,接着依次选择"幕布右"和"幕布左"图层的第 1 个关键帧,将"库"面板中的"幕布下.png"文件拖到舞台中,并适当调整大小和位置,舞台的效果如图 3-2-35 所示。

图 3-2-35 各幕布在舞台中的位置

6. 在"幕布上"图层的第 10 帧和第 20 帧上插入关键帧,选择第 20 帧处的关键帧然后在舞台中将上方幕布适当往上移动,并在第 10 到第 20 帧之间右击,执行"创建传统补间"命令。

7. 在"幕布左"图层的第 10 帧和第 20 帧上插入关键帧,选择第 20 帧处的关键帧,然后在舞台中将左边幕布宽度向左缩小到 5%,并在第 10 到第 20 帧之间右击,执行"创建传统补间"命令。

8. 使用相同的方法完成"幕布左"图层的制作。时间轴效果如图 3-2-36 所示,舞台效果如图 3-2-37 所示。

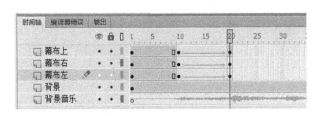

图 3-2-36 各幕布编辑后的时间轴

图 3-2-37 时间轴第 20 帧的舞台效果

图 3-2-38 "背景音乐"图层属性对话框

9. 选择"背景音乐"图层,打开其属性面板,然后将同步设置为"开始",如图 3-2-38 所示。

10. 新建"2019"图层,并使用"T"文本工具在舞台中输入"2019","新年到 贺新春"文字内容,"2019"的属性设置如图 3-2-39 所示,"新年到 贺新春"的属性设置如图 3-2-40 所示。

11. 选择"2019"图层上的第 1 个关键帧,执行"修改"→"转换为元件"命令,并在"转换为元件"对话框中设置名称为"2019",类型为"影片剪辑",单击【确定】按钮,如图 3-2-41 所示。

图 3-2-39 "2019"文字属性设置

图 3-2-40 "新年到 贺新春"文字属性设置

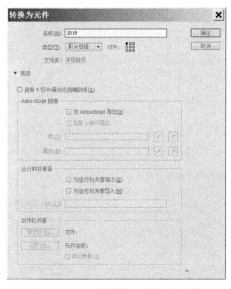

图 3-2-41 "转换为元件"对话框

12．在"2019"图层上分别选择第 10 帧和第 20 帧插入关键帧，然后选择第 1 个关键帧中的元素，打开属性面板，具体设置如图 3-2-42 所示，接着将第 1 个关键帧复制到第 20 关键帧，并在第 1 帧到第 10 帧和第 10 帧到第 20 帧之间分别创建传统补间，此时的时间轴如图 3-2-43 所示。

图 3-2-42 "2019"图层上第 1 个关键帧
元素的"属性"面板

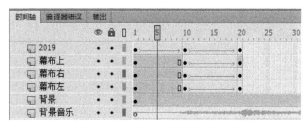

图 3-2-43 "2019"图层时间轴

13．新建"贺卡按钮"图层，选择该图层的第 1 关键帧，将"库"面板中的"猪年大吉"按钮拖到舞台中，并适当调整其位置，然后在第 10 帧处插入关键帧。

14. 选择第 1 个关键帧中的按钮元素，打开"属性"面板，进行如图 3-2-44 所示的设置。打开"变形"面板，进行如图 3-2-45 所示的设置。

图 3-2-44　"贺卡按钮"图层　　　　　　　图 3-2-45　"贺卡按钮"图层

第 1 个关键帧"属性"面板　　　　　　　第 1 个关键帧"变形"面板

15. 选择第 10 关键帧中的按钮元素，打开"变形"面板，进行如图 3-2-46 所示的设置，并在第 1 帧到第 10 帧之间创建传统补间，此时的时间轴如图 3-2-47 所示。

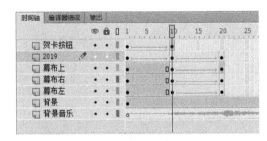

图 3-2-46　"贺卡按钮"图层第 10 关键帧"变形"面板　　　图 3-2-47　"贺卡按钮"图层时间轴

16. 选择"贺卡按钮"图层的第 10 关键帧，然后执行"窗口→代码片断"命令，并在弹出的"代码片断"面板中选择"ActionScript\时间轴导航\在此帧处停止"，如图 3-2-48 所示。此时，时间轴出现新建的"Actions"图层，时间轴如图 3-2-49 所示。

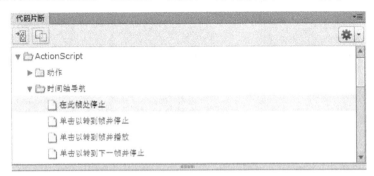

图 3-2-48　"贺卡按钮"图层第 10 关键帧添加"代码片断"

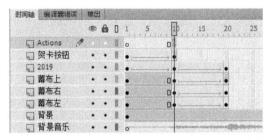

图 3-2-49 "贺卡按钮"图层添加"代码片断"后的时间轴

17．选择"贺卡按钮"图层第 10 关键帧中的按钮元素，在"代码片断"面板中选择"ActionScript\时间轴导航\单击以转到帧并播放"，如图 3-2-50 所示，在弹出的"动作"面板中将"gotoAndPlay(5);"修改为"gotoAndPlay(11);"，如图 3-2-51 所示。

图 3-2-50 "猪年大吉"按钮添加"代码片断"

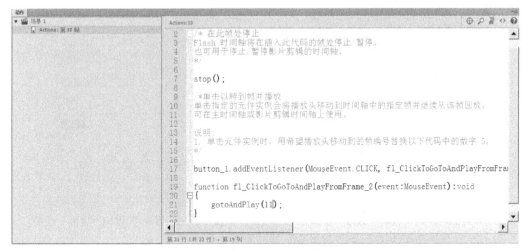

图 3-2-51 "猪年大吉"按钮自动生成的代码

三、制作"新年好"动画

1．在"Action"图层上新建"新年好"图层，并在第 20 帧上插入关键帧，然后在舞台上输入"新"字，打开"属性"面板，进行如图 3-2-52 所示的设置。

2．在该图层第 35 帧和第 50 帧插入关键帧，将原有文字删除，分别输入"年"和"好"字。

3．选择该图层的第 20 关键帧的"新"字，按【Ctrl+B】组合键，将"新"进行分离，然后用相同的方法将第 35 关键帧和第 50 关键帧"年"和"好"字分别进行分离，接着在第 20 关键帧到第 50 关键帧之间分别右击，在打开的快捷菜单中选择"创建补间形状"命令。

图 3-2-52　"新"字"属性"面板

4. 在第 51 帧处插入关键帧，选择关键帧中的元素，按【Ctrl+G】组合键将元素进行组合，继续执行"修改"→"转换为元件"命令，在"元件"对话框中输入名称为"好"，单击【确定】按钮。

5. 在第 55、60、65 帧插入关键帧，分别在这几个关键帧中选择元素，打开"属性"面板进行如图 3-2-53～图 3-2-55 所示的设置，并在这几个关键帧之间执行"创建传统补间"命令。

图 3-2-53　第 55 关键帧"属性"面板　　　图 3-2-54　第 60 关键帧"属性"面板

图 3-2-55　第 65 关键帧"属性"面板

6. 选择该图层 65 到 120 帧，右击，在打开的快捷菜单中选择"删除帧"命令。

7. 在"新年好"图层上新建"鞭炮声"图层，然后在第 20 帧处插入关键帧，将"库"面板中的"Sound/streamsound0"拖动到舞台中，时间轴面板如图 3-2-56 所示。

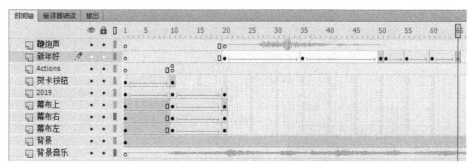

图 3-2-56　"鞭炮声"图层完成后时间轴

三、制作放长鞭炮效果

1. 在"鞭炮声"图层上新建"长鞭炮"图层，并在第 66 帧处插入关键帧，然后将"库"面板中的"长鞭炮"拖到舞台中移动到舞台上方的适当位置，如图 3-2-57 所示。

2. 在该图层的第 85 帧插入关键帧，然后选择第 66 帧关键帧，将"长鞭炮"元素延直线移动到背景图的上方。

3. 在第 66 和第 85 关键帧中执行"创建传统补间"命令，完成长鞭炮从上往下移动的动画。此时，第 66 帧关键帧的舞台效果如图 3-2-58 所示，第 85 帧关键帧的舞台效果如图 3-2-59 所示，时间轴如图 3-2-60 所示。

图 3-2-57　调整"长鞭炮"位置

图 3-2-58　"长鞭炮"第 66 帧的关键帧

图 3-2-59　"长鞭炮"第 85 帧的关键帧

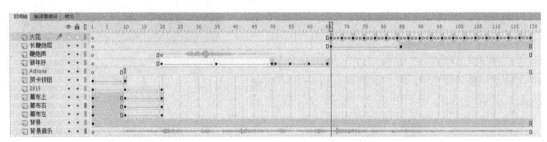

图 3-2-60　"长鞭炮"图层完成后的时间轴

图 3-2-61　第 65 关键帧"火花"的位置

4．在"长鞭炮"图层上新建"火花"图层，并在第 65 到第 120 帧处全都插入空白关键帧，然后选择第 65 关键帧，将"库"面板中的"火花"拖到舞台中移动到"长鞭炮"下方的适当位置，如图 3-2-61 所示。

5．将第 65 关键帧复制到第 68、71、74……120 帧，每间隔两个关键帧粘贴一次，时间轴如图 3-2-62 所示，分别选择这些粘贴的关键帧，并将"火花"移动到"长鞭炮层"下方的适当位置。

6．在"火花"图层上新建"长鞭炮声"图层，然后在第 65 帧插入关键帧，将"库"面板中的"Sound/streamsound0"拖动到舞台中，时间轴面板如图 3-2-63 所示。

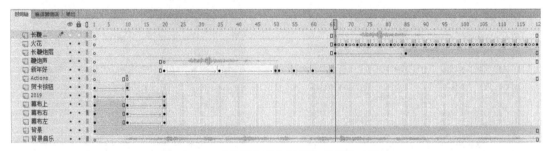

图 3-2-62　"火花"图层完成后的时间轴

图 3-2-63　"长鞭炮声"图层完成后的时间轴

7．选择该图层，在"属性"面板中按图 3-2-64 所示设置相关参数。

图 3-2-64　"长鞭炮声"图层中元素"属性"设置

三、制作春联向下移动并退出的效果

1. 在"长鞭炮声"图层上新建"春联（右）"图层，然后在第 65 帧插入关键帧，在舞台中输入上联内容"猪拱华门岁有余"，并在"属性"面板按图 3-2-65 所示设置参数。

2. 在该图层的第 85、120 帧插入关键帧，依次选择第 65、85、120 关键帧中的上联文字元素，分别移动到舞台的右上方、舞台右侧及舞台右下方，分别如图 3-2-66～图 3-2-68 所示。

图 3-2-65　"猪拱华门岁有余"文字属性设置

图 3-2-66　"猪拱华门岁有余"第 65 关键帧位置

图 3-2-67　"猪拱华门岁有余"
第 85 关键帧位置

图 3-2-68　"猪拱华门岁有余"
第 120 关键帧位置设置

3. 将 85 关键帧复制到 100 帧处，用相同的方法制作完成"春联（左）"图层的下联"人逢盛世情无限"的效果，时间轴面板如图 3-2-69 所示。

4. 按【Ctrl+Enter】组合键预览效果。

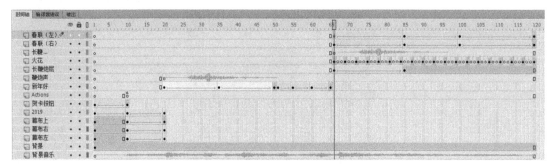

图 3-2-69　案例完成后的时间轴

案例七十二　游戏网页

二维码微课：扫一扫，学一学，扫一扫二维码，观看本案例微课视频。

106. 案例七十二
游戏网页（1）

107. 案例七十二
游戏网页（2）

108. 案例七十二
游戏网页（3）

案例说明：

本案例通过综合应用元件、传统补间动画、逐帧动画、遮罩动画、按钮、ActionScript 3.0 技术等内容，制作了一个具有用户免费注册、游戏下载、购买点卡、账户充值四个前台功能的网页，当将鼠标移动到按钮上时，则出现小动画效果。

光盘文件："源文件与素材\案例七十二\游戏网站.fla"。

案例制作步骤：

一、新建文档并导入图像

1. 新建文档。新建一个 ActionScript 3.0 的.fla 文档，文档大小为 622 像素×226 像素，帧频为 15fps，背景为灰色，保存文件名为"游戏网站.fla"。

2. 导入图像。执行"文件→导入→导入到库"命令，将"源文件与素材\案例七十二"中的所有图片素材文件导入到库。

二、制作"免费注册"按钮元件

1. 制作"免费注册人物动画"影片剪辑

（1）执行"插入"→"新建元件"命令，打开"创建新元件"对话框，"类型"选择"影片剪辑"，并把元件命名为"免费注册人物动画"，如图 3-2-70 所示，单击【确定】按钮。

（2）将"库"面板中的"免费注册.png"拖动到舞台中，然后打开"属性"面板，并按如图 3-2-71 所示设置相关参数。

（3）选择第 1 个关键帧中的人物元素，按【Ctrl+T】组合键，然后用鼠标将控制点拖动到图片的下方中间位置，如图 3-2-72 所示。

图 3-2-70 "创建新元件"对话框

图 3-2-71 图层 1 "免费注册"实例属性

（4）将第 1 个关键帧复制到第 2 到第 5 帧，时间轴如图 3-2-73 所示。

图 3-2-72 "免费注册"实例第 1 关键帧

图 3-2-73 "免费注册人物动画"影片剪辑时间轴

（5）选择第 2 关键帧，单击"工具"面板中的" "任意变形工具，然后将鼠标移动到控制点的左上角，拖动鼠标适当调整人物的倾斜度。

（6）使用相同的方法，调整第 3～5 关键帧中人物的倾斜度，完成"免费注册人物动画"左右摇摆的逐帧动画影片剪辑。

2．制作"免费注册上下移动"影片剪辑

（1）执行"插入"→"新建元件"命令，在"创建新元件"对话框中，"类型"选择"影片剪辑"，并把元件命名为"免费注册上下移动"，单击【确定】按钮。

（2）将"库"面板中的"免费注册.png"拖动到舞台中，打开"属性"面板，设置 X、Y 坐标分别为 0，宽为 56，高为 17。

（3）在第 3 帧和第 5 帧分别插入关键帧，然后分别选择第 3 和第 5 关键帧，上下适当调整 1 个像素的位置。

（4）在第 1、3、5 关键帧之间执行"创建传统补间"命令，完成"免费注册上下移动"影片剪辑的制作，时间轴如图 3-2-74 所示。

图 3-2-74 "免费注册上下移动"
影片剪辑时间轴

3．制作"按钮背景效果"影片剪辑

（1）执行"插入"→"新建元件"命令，在"创建新元件"对话框中，"类型"选择"影片剪辑"，并把元件命名为"按钮背景效果"，单击【确定】按钮。

（2）将"库"面板中的"按钮背景.png"拖动到舞台中，打开"属性"面板，设置 X 坐标为-10，Y 坐标分别为 33，宽为 81.9，高为 34.05。

（3）选择第 1 关键帧中的"按钮背景"，执行"修改"→"转换为元件"命令，设置"名称"为"按钮背景"，"类型"为"影片剪辑"。

（4）将该图层重命名为"按钮背景层"，然后在第 20 帧执行"插入帧"命令。

（5）新建"按钮背景 1"和"按钮背景 2"两个图层，移动到"按钮背景层"下方，时间轴如图 3-2-75 所示。

（6）选择"按钮背景 1"图层的第 1 关键帧，将"库"面板中的"按钮背景"影片剪辑拖到舞台中，并适当调整其位置与"按钮背景层"图层元素重合。

（7）在"按钮背景 1"图层的第 10 帧插入关键帧，打开"属性"面板，设置参数为：X 坐标为-27.95，Y 坐标为 43.00，宽为 120.00，高为 49.85，Alpha 值为 0。

（8）在这两个关键帧中执行"创建传统补间"命令。

（9）选择"按钮背景 1"图层中的第 1 到第 10 关键帧，执行"复制帧"命令，然后选择"按钮背景 2"图层中的第 9 关键帧，执行"贴粘帧"命令，时间轴如图 3-2-76 所示。

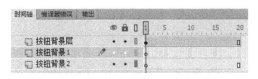
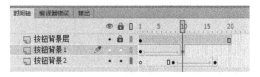

图 3-2-75　按钮背景效果时间轴　　　　图 3-2-76　按钮背景效果完成动画后的时间轴

4. 制作"免费注册状态 1"影片剪辑

（1）执行"插入"→"新建元件"命令，在"创建新元件"对话框中，"类型"选择"影片剪辑"，并把元件命名为"免费注册状态 1"，单击【确定】按钮。

（2）选择图层 1 的第 1 关键帧，将"库"面板中的"按钮背景.png"拖动到舞台中，打开"属性"面板设置如下参数：X 坐标为 40，Y 坐标为 16，宽度为 120，高度为 49.9。

（3）将该图层的第 1 关键帧复制到第 10 和第 20 帧，并将第 10 关键帧舞台中的元素垂直向上移动 2 像素，接着在 3 个关键帧之间执行"创建传统补间"命令。

（4）在图层 1 上新建图层 2，将"库"面板中的"免费注册文字.png"拖动到舞台中，并适当调整位置。使用相同的方法完成上下移动的效果，时间轴如图 3-2-77 所示。

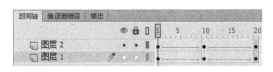

图 3-2-77　"免费注册状态 1"时间轴

5. 制作"免费注册状态 2"影片剪辑

（1）执行"插入"→"新建元件"命令，在"创建新元件"对话框中，"类型"选择"影片剪辑"，并把元件命名为"免费注册状态 2"，单击【确定】按钮。

（2）将图层 1 重命名为"按钮背景"，将"库"面板中的"按钮背景效果"影片剪辑拖到舞台中的适当位置，然后在第 20 帧执行"插入帧"命令。

（3）在"按钮背景"上面新建"图层 2"并重命名为"免费注册人物弹出"图层，在第 1 关键帧将"库"面板中的"免费注册人物动画"影片剪辑拖到舞台中的适当位置，效果如图 3-2-78 所示，在第 20 帧插入关键帧，并在舞台中适当向下移动人物动画位置，效果如图 3-2-79 所示，在 2 个关键帧创建传统补间。

（4）在"免费注册人物弹出"上面新建"图层 3"并重命名为"遮罩"图层，在工具面板中选择矩形工具"▢"，在舞台中绘制一个矩形（颜色边框任意设置），将其调整为刚好能将下层的"免费注册人物弹出"图层中元素第 20 帧完全覆盖即可，效果如图 3-2-80

所示，在第20帧插入帧，右击"遮罩"图层，执行"遮罩层"命令，此时，时间轴如图3-2-81所示。

图3-2-78 "免费注册人物弹出"
第1关键帧位置

图3-2-79 "免费注册人物弹出"
第20关键帧位置

图3-2-80 "遮罩"层矩形位置

图3-2-81 "免费注册人物弹出"遮罩时间轴

（5）在"遮罩"上面新建"图层4"并重命名为"免费注册上下移动"图层，将"库"面板中的"免费注册上下移动"影片剪辑拖到舞台并调整到与"按钮背景"水平垂直居中的位置，然后在第20帧执行"插入关键帧"命令。

（6）右击该图层的第20关键帧，执行"动作"命令，在打开的"动作"面板中输入"stop();"，关闭"动作"面板，完成"免费注册状态2"影片剪辑的制作，此时，时间轴如图3-2-82所示。

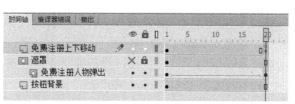

图3-2-82 "免费注册人物弹出"完成后的时间轴

6．制作"免费注册"按钮元件

（1）执行"插入"→"新建元件"命令，在"创建新元件"对话框中，"类型"选择"按钮"，并把元件命名为"免费注册"，单击【确定】按钮。

（2）选择"图层1"的"弹起"，将"库"面板中的"免费注册状态1"拖到舞台正中间位置，宽度为81.9，高度为35.05。

（3）选择"指…"插入空白关键帧，将"库"面板中的"免费注册状态 2"拖到舞台正中间位置，宽度为81.9，高度为35.05。

（4）依次选择"按下"和"点击"，插入关键帧，完成"免费注册"按钮元件的制作。

7．制作"游戏下载""购买点卡""账户充值"按钮元件

使用以上相同的方法制作"游戏下载""购买点卡""账户充值"按钮元件，详细步骤略。

三、在场景1中制作"游戏网页"效果

1．选择"场景1"，将"图层1"重命名为"网页背景"，将"库"面板中的"背景.png"拖到舞台正中间位置。

图 3-2-83　"场景 1"时间轴

2．新建"图层2"并重命名为"免费注册"，将"库"面板中的"免费注册"按钮元件拖到舞台正中间位置。

3．用相同的方法依次新建图层并重命名为："游戏下载""购买点卡""账户充值"，并依次将相对应的按钮元件拖到舞台中适当的位置，如图 3-2-83 所示。

4．新建图层并重命名为"背景音乐"，将其移动到"网页背景"图层的下面，将"库"面板中的"背景音乐.mp3"拖动到舞台中，打开"属性"面板，设置"同步"为"事件"、"循环"，其余值为默认。

5．按【Ctrl+Enter】组合键预览效果。

案例七十三　趣味小游戏

二维码微课： 扫一扫，学一学，扫一扫二维码，观看本案例微课视频。

109．案例七十三趣味小游戏（1）

110．案例七十三趣味小游戏（2）

案例说明：

本案例是一个抓气球的交互式游戏，用户进入主界面中首先阅读游戏规则，然后可单击【开始】按钮进行游戏，计时结束即可显示成绩。在制作时，首先导入背景素材，然后创建游戏界面中的各元素，接着编写元件扩展类，最后编写主程序类，以便控制游戏。

光盘文件： "源文件与素材\案例七十三\main.fla"。

案例制作步骤：

一、新建文档并导入图像

1．新建文档。新建一个 ActionScript 3.0 的.fla 文档，在对话框中设置宽为 550 像素，高为 400 像素，帧频为 24fps，保存文件名为"main.fla"。

2．导入图像。执行"文件→导入→导入到库"命令，将"源文件与素材\案例七十三"中的"背景.jpg"、"butbj.png"和"bjyy.mp3"文件导入到库。

3．保存文档。按【Ctrl+S】组合键，打开"另存为"对话框，在对话框设置保存位置为"D盘"，文件名"main.fla"。

二、制作按钮元件

1．执行"插入"→"新建元件"命令，在"创建新元件"对话框中，"类型"选择"按钮"，并把元件命名为"btn"，单击【确定】按钮，进入新建元件的编辑界面。

2．将"图层 1"重命名为"背景"，然后选择"背景"层中的弹起帧，在"库"面板中把图形元件"butbj.png"拖到"舞台"中间，如图 3-2-84 所示。

图 3-2-84　"背景"图层中的实例位置

3．插入新图层，重命名为"text"，选择"text"图层的弹起帧，并输入"ENTER"文本内容，如图 3-2-85 所示。

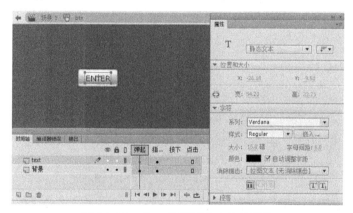

图 3-2-85　"text"图层中文字及属性

4．在"背景"和"text"图层"指针经过"帧分别插入"关键帧"，然后选择"text"图层的"指针经过"并输入"GO"文本内容，文本属性与前一关键帧相同，如图 3-2-86 所示。

图 3-2-86　"text"图层中"指针经过"帧文字及属性

三、制作飘动气球元件

1. 新建名为"balloon"的影片剪辑元件。

2. 选择"图层 1"中的第 1 帧，制作如图 3-2-87 所示的气球，气球填充设置为白色到黄色的径向渐变，且中心点移动到左上角。

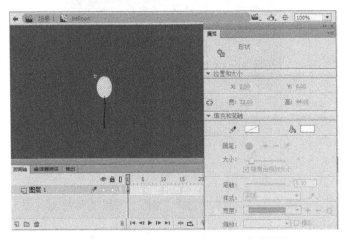

图 3-2-87 "balloon"影片剪辑中元素的属性

3. 在第 3 帧和第 5 帧处插入关键帧，分别适当调整气球和绳子的位置，制作出气球飘动的效果，如图 3-2-88 所示。

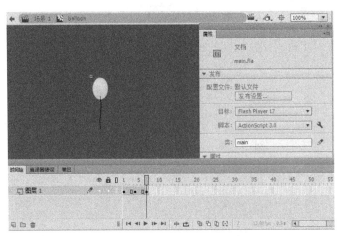

图 3-2-88 "balloon"影片剪辑时间轴

4. 选择第 5 关键帧，打开"动作"面板，并在输入"gotoAndPlay(1);"代码，如图 3-2-89 所示。

图 3-2-89 "balloon"影片剪辑第 5 关键帧代码

四、制作场景

1. 制作场景 1

（1）选择"场景 1"，并将"图层 1"重命名为"背景音乐"，然后在属性面板中设置参数，如图 3-2-90 所示。

图 3-2-90 "背景音乐"图层属性

（2）新建图层并将其命名为"背景"，然后选中第 1 帧，将库面板中的"bj.jpg"元件拖到舞台正中间的位置。

（3）新建图层并将其命名为"文字"，然后选中第 1 帧，使用文本工具制作如图 3-2-91 所示的内容。

图 3-2-91 "文字"图层中文字及时间轴

（4）选择"扎气球"内容，然后在属性面板中设置实例名称为"txt3"，如图 3-2-92 所示。

（5）选择"游戏规则"内容，然后在属性面板中设置实例名称为"txt2"，如图 3-2-93 所示。

（6）选择"1.点击……显示分数"内容，然后在属性面板中设置实例名称为"txt1"，如图 3-2-94 所示。

图 3-2-92 "扎气球"文字属性　　　　　　　图 3-2-93 "游戏规则"文字属性

（7）选择"点击左下角 ENTER 按钮开始游戏！！！"内容，然后在属性面板中设置实例名称为"txt"，如图 3-2-95 所示。

图 3-2-94 "1.点击……显示分数"文字属性　　　图 3-2-95 "点击左下角 ENTER 按钮
　　　　　　　　　　　　　　　　　　　　　　　　　开始游戏！！！"文字属性

（8）从库面板中将"btn"按钮元件拖到舞台下方，并在属性面板中将其实例名称设置为"btn"，如图 3-2-96 所示。

图 3-2-96 "btn"按钮属性

五、编写 ActionScript 文件

（1）按【Ctrl+N】组合键打开"新建文档"对话框，选择"ActionScript 文件"选项，单击【确定】按钮，如图 3-2-97 所示。

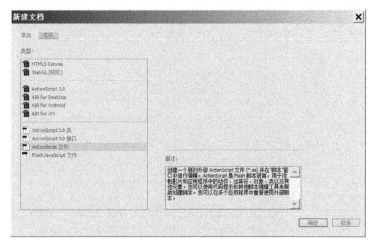

图 3-2-97 "新建文档"对话框

（2）输入代码。按【Ctrl+S】组合键将 ActionScript 文件保存为"balloon.as"，然后在"balloon.as"中输入如下代码，如图 3-2-98 所示。

```
package {
  import flash.display.MovieClip;
  import flash.utils.Timer;//实时运行
  import flash.events.*;

  public class balloon extends MovieClip {
      private var movestep:Number;
      private var movetime:Timer;
      public function balloon(mstep) {
          movestep=Math.round(mstep);
          init();

      }
      private function init() {
          movetime=new Timer(73,0);
          movetime.addEventListener("timer",mcPlay);
          movetime.start();//开始执行
      }
      private function mcPlay(event:TimerEvent) {
          this.y-= movestep;
      }
  }
}
```

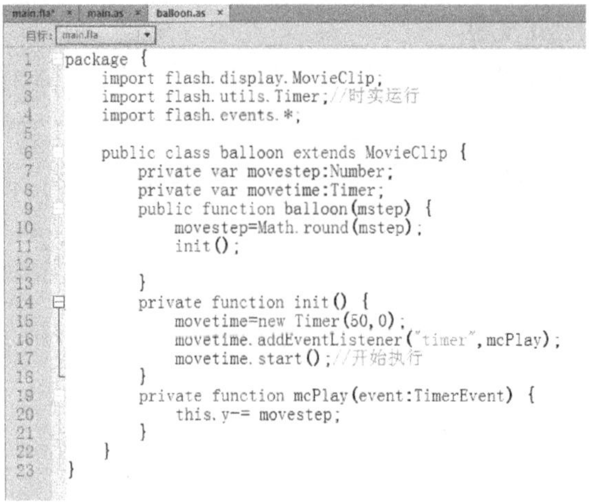

图 3-2-98　"balloon.as" 代码

（3）创建 "main.as" 文件并输入代码。用相同的方法新建一个 ActionScript 文件并保存为 "main.as"，然后在 "main.as" 中输入如下代码，如图 3-2-99 所示。

```
package {
  import flash.display.*;
  import flash.events.*;
  import flash.utils.Timer;
  import flash.text.TextField;
  import flash.text.TextFieldType;
  import flash.text.TextFieldAutoSize;
    import flash.text.AntiAliasType;
    import flash.text.GridFitType;
    import flash.text.TextFormat;
  import flash.display.MovieClip;
  import flash.events.Event;
  import flash.events.TimerEvent;

  public class main extends Sprite {

      public var balloonArray:Array;
      private var score:Number;
      public var t_score:TextField;
      public var txt:TextField;
      public var txt1:TextField;
      public var txt2:TextField;
      public var txt3:TextField;
      public var btn:Button;
      public var life:MovieClip;
      public var  flesh_time:Timer;
      public var  mc:MovieClip;
      public var my_txt = new TextField();

      public function main() {
```

```
        score=0;
        balloonArray=new Array();
        //该类加载后初始运行复制函数,并给按钮添加点击事件
        btn.addEventListener(MouseEvent.CLICK,balloonPlay);
        stage.addEventListener(Event.ENTER_FRAME, showClock);
    }

    private function balloonPlay(event:MouseEvent):void {
        flesh_time=new Timer(200,0);
        flesh_time.addEventListener(TimerEvent.TIMER,mcCopy);
        flesh_time.start();
        txt.visible=false;
        txt1.visible=false;
        txt2.visible=false;
        txt3.visible=false;
        btn.visible =false;
        life = new blood ;
        addChild(life);
        life.x = 1;
        life.y = 1;
    }

    private function showClock(event:Event):void{
        this.life.height -= 1;
        if(this.life.height <= 5){
        this.t_score.visible=false;
        flesh_time.stop();

        my_txt.x =0;
        my_txt.y =0;
        my_txt.height = 400;
        my_txt.width = 550;
        my_txt.textColor = 0xffff00;
        my_txt.text="\n\n\n游戏结束\n您的" +t_score.text ;
        var my_fmt = new TextFormat();
        my_fmt.size=40;
        my_fmt.align = "center";
        my_fmt.bold = true;
        my_txt.setTextFormat(my_fmt);
        addChild(my_txt);

            }
        }

    private function mcCopy(event:TimerEvent) {
        mc=new balloon(Math.random() * 10 + 1);
        balloonArray.push(mc);
        mc.x=Math.random() * 500;
```

```
        mc.y=400;
        mc.addEventListener(MouseEvent.MOUSE_DOWN, hit_event);
        addChild(mc);
    }
    //==================事件==================
public function hit_event(event:MouseEvent) {
        var mc=event.target;
        removeChild(mc);
        score+=1;
        t_score.text="得分: "+score.toString() ;
    }
  }
}
```

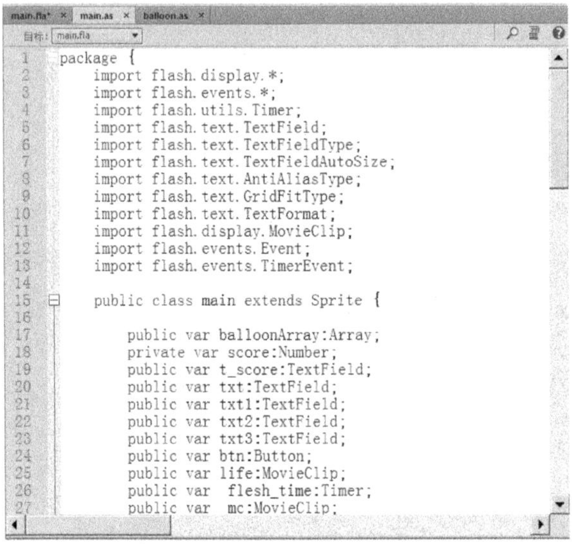

图 3-2-99 "main.as" 代码

（4）设置类。选择"main.fla"标签，然后打开"属性"面板，在"类"文本框中输入"main"，如图 3-2-100 所示。

图 3-2-100 "main.fla" 属性

（5）按【Ctrl+Enter】组合键预览效果。

01.任务一
Flash动画简介

02.任务二
认识Flash界面(1)

03.任务二
认识Flash界面(2)

04.任务三
Flash文档基础操作

05.任务一
图层

06.任务二
时间轴和帧
—时间轴和帧的概念

07.任务二
时间轴和帧—帧的操作

08.任务一
元件

09.任务二
库

10.任务一
Flash图形简介

11.任务二
绘制线条图形
—使用【线条】工具

12.任务二
绘制线条图形
—使用【铅笔】工具

13.任务二
绘制线条图形
—使用【钢笔】工具

14.任务三
绘制填充颜色
—使用【颜料桶】工具

15.任务三
绘制填充颜色
—使用【墨水瓶】工具

16.任务三
绘制填充颜色
—使用【滴管】工具

17.任务三
绘制填充颜色
—使用【画笔】工具

18.任务三
绘制填充颜色
—使用【橡皮擦】工具

19.任务四
绘制几何形状图形
—使用【矩形】工具

20.任务四
绘制几何形状图形
—使用【椭圆】工具

21.任务四
绘制几何形状图形
—使用【多角星形】工具

22.任务五
查看Flash图形

23.任务六
选择Flash图形
—使用【选择】工具

24.任务六
选择Flash图形
—使用【部分选取】工具

25.任务六
选择Flash图形
—使用【套索】工具

26.任务七
图形的排列与变形
—图形的排列命令

27.任务七
图形的排列与变形
—使用【对齐】面板

28.任务七
图形的排列与变形
—使用【任意变形】工具

29.任务七
图形的排列与变形
—使用【变形】面板

30.任务八
调整图形颜色
—使用【颜色】面板

31.任务八
调整图形颜色
—使用【渐变变形】工具

32.案例一
绘制树

33.案例二
绘制向日葵

34.案例三
绘制稻田

35.案例四
绘制货车

36.案例五
绘制帆船

37.案例六
绘制竹子

38.案例七
阴影效果字

39.案例八
点状字

40.案例九
荧光文字

41.案例十
填充字

42.案例十一
震撼字

43.案例十二
发光文字

44.案例十三
字体翻动

45.案例十四
写字效果

46.案例十五
字母变幻

47.案例十六
下雪

48.案例十七
欢迎新同学

49.案例十八
红旗飘飘

50.案例十九
烛光

51.案例二十
翻开封面

52.案例二十一
水滴落地

53.案例二十二
小球弹跳

54.案例二十三
五星闪烁

55.案例二十四
烟水亭

56.案例二十五
小鸡

57.案例二十六
蝴蝶飞

58.案例二十七
烟花

59.案例二十八
火柴人动画

60.案例二十九
海底气泡

61.案例三十
儿童节快乐

62.案例三十一
水波荡漾

63.案例三十二
老虎下山

64.案例三十三
小狐狸滑雪

65.案例三十四
星星眨眼

66.案例三十五
破壳而出

67.案例三十六
喜迎新春

68.案例三十七
绽放的花朵

69.案例三十八
烟花

70.案例三十九
倒计时

71.案例四十
跷跷板

72.案例四十一
城市灯火

73.案例四十二
字幕

74.案例四十三
特效镜头

75.案例四十四
指针画圆

76.案例四十五
我是歌手

77.案例四十六
生长的藤蔓

78.案例四十七
看电视

79.案例四十八
水中夕阳倒影

80.案例四十九
喝饮料

81.案例五十
找不同

82.案例五十一
红绿灯

83.案例五十二
投篮

84.案例五十三
海底世界

85.案例五十四
白天黑夜

86.案例五十五
蒲公英

87.案例五十六
放风筝

88.案例五十七
梦幻泡泡

89.案例五十八
立春

90.案例五十九
繁忙的交通

91.案例六十
钓鱼

92.案例六十一
流水浮灯

93.案例六十二
制作按钮

94.案例六十三
制作有声按钮

95.案例六十四
多场景动画

96.案例六十五
大雪纷飞大雪纷飞

97.案例六十六
风景相册

98.案例六十七
社会公益广告

99.案例六十八
美丽家园

100.案例六十九
控制小蜜蜂飞舞

101.案例七十
心理小测试(1)

102.案例七十
心理小测试(2)

103.案例七十一
新年贺卡(1)

104.案例七十一
新年贺卡(2)

105.案例七十一
新年贺卡(3)

106.案例七十二
游戏网页(1)

107.案例七十二
游戏网页(2)

108.案例七十二
游戏网页(3)

109.案例七十三
趣味小游戏(1)

110.案例七十三
趣味小游戏(2)

　　活页式教材由江西生物科技职业学院余德润、熊淑云、肖玉、杨宇驰、余鑫海、曾昊、司方蕾、蔡立娜、余捷等老师共同开发，江西泰豪动漫职业学院黄首鹏和南昌县洪范学校余新珍参与了活页式教材开发。活页式教材开发人员分工：主编：余德润；脚本编写：熊淑云、肖玉、杨宇驰、余鑫海、曾昊、余新珍、司方蕾、蔡立娜、余捷、黄首鹏；视频制作：熊淑云、肖玉、杨宇驰、黄首鹏；平面艺术设计：肖玉、杨宇驰、曾昊、司方蕾、余捷、蔡立娜；后期合成：余鑫海、余新珍；程序设计：熊淑云、余新珍。